Dirk Kreuter

Akquise-Impulse

Dirk Kreuter

Akquise-Impulse

Motivieren – Überzeugen – Verkaufen

Linde
international

Bibliografische Information der Deutschen Nationalbibliothek
Die Deutsche Nationalbibliothek verzeichnet diese Publikation in der Deutschen Nationalbibliografie; detaillierte bibliografische Daten sind im Internet über http://dnb.d-nb.de abrufbar.

ISBN 978-3-7093-0577-5 (Print)
ISBN 978-3-7094-0651-9 (E-Book-ePub)
ISBN 978-3-7094-0651-9 (E-Book-PDF)

Umschlag: buero8
Satz: LINDE VERLAG Ges.m.b.H., Wien 2015

1210 Wien, Scheydgasse 24, Tel.: 01/24 630
www.lindeverlag.de
www.lindeverlag.at
Druck: Hans Jentzsch u Co. Ges.m.b.H.
1210 Wien, Scheydgasse 31
1

Inhalt

Herzlich willkommen!

Haben Sie den Film „Forrest Gump“ gesehen? Erinnern Sie sich noch an den Freund des Hauptdarstellers, der überall in der Welt nur Shrimps wahrgenommen und überhaupt nur in Shrimps gedacht hat? Es gibt eine Szene, in der er 40 Sekunden lang alle Varianten der Shrimps-Zubereitung aufgezählt hat. Er war besessen von Shrimps.

So ähnlich ist es bei mir mit den Themen Verkauf, Vertrieb, Marketing, Führung und Motivation. Überall im Alltag erlebe ich Situationen, aus denen ich kreative Tipps für Verkäufer gestalte oder motivierende Geschichten für den Vertrieb ableite. Die Menschen aus meinem Umfeld kennen das: Ich werde auf einmal ganz ruhig und nachdenklich … Und dann wissen meine Freunde, dass ich gerade wieder eine neue Geschichte für meine Leser entwickle. Das macht mir große Freude und Ihnen sicher auch!

Sie können das Buch von Anfang bis Ende lesen. Sie können aber auch jeden Abend nur eine Geschichte vor dem Einschlafen genießen. Oder als Führungskraft Ihre Vertriebsmeetings mit den Beispielen würzen. Jede Geschichte ist für sich unabhängig. Lesen Sie in der Reihenfolge, die Ihnen am besten gefällt.

„Ein guter Verkäufer bestimmt die Bilder im Kopf seines Kunden!“
… ein guter Autor auch!

Möchten Sie noch mehr Bilder zu den Verkäufergeschichten in diesem Buch sehen, dann nutzen Sie die QR-Codes und sehen sich den passenden YouTube-Clip auf Ihrem Smartphone an.

Viel Spaß und spannende Erkenntnisse wünscht Ihnen Ihr

Dirk Kreuter

Mehr dazu auf YouTube

Kapitel 1:

Motivation

Kollege Dr. Reinhard K. Sprenger behauptet, dass man Verkäufer gar nicht motivieren könne. Man könne nur dafür sorgen, sie nicht zu demotivieren. Ich finde, da ist etwas dran. Wenn Sie Führungskraft sind, werden Sie im nächsten Kapitel einige spannende Ideen finden, wie Sie Ihre Mitarbeiter im Vertrieb vor der Demotivation schützen. Sind Sie selbst Verkäufer? Dann wünsche ich Ihnen viel Spaß und nachdenkliche Minuten mit den folgenden Geschichten.

„Motivieren Sie mich doch mal!“ - Der Unterschied zwischen Reiz und Trieb

Seit einem Jahr spielt mein sechsjähriger Sohn Ben im Verein Fußball. Dabei ist es für mich als Vater spannend zu beobachten, wie sich die Kinder verhalten. Beispielsweise in der Halbzeit: Alle sind erschöpft. Doch nach einem kurzen Moment der Erholung schnappen sich die Jungs einen Ball und kicken bis zum Wiederanpfiff locker weiter. Der Trainer muss dann eingreifen und die Kinder zur Pause zwingen.

Muss man Sechsjährige zum Fußballspielen motivieren? Brauchen sie ein „Feindbild“, also einen Gegner, den sie besiegen wollen? Muss der Trainer eine Belohnung für gute Leistung in Aussicht stellen?

Schon bevor er im Fußballverein spielte, konnte ich beobachten, dass Ben ungern sinnlos durch die Gegend läuft. Ob spazieren gehen oder mit mir auf dem Sportplatz ein paar Runden drehen – das interessierte ihn nie. Bis ein Ball ins Spiel kam. Dann lief er bis zur völligen Erschöpfung. Das scheint bei Jungs in den Genen zu liegen: Ball = Spaß.

Schauen wir uns die Motivationspsychologie an: Hier wird zwischen extrinsischer und intrinsischer Motivation unterschieden. Oder einfacher formuliert: Reiz und Trieb.

Reiz bedeutet, dass Sie Ihrem Hund eine Wurst versprechen, wenn er das Kaninchen aus dem Unterholz treibt. Wenn Ihr Hund aber schon an der Leine zerrt, weil er die Witterung des Kaninchens aufgenommen hat, dann ist das der Trieb. (Jagd-)Hunde müssen Sie nicht zur Jagd motivieren. Sie haben Spaß an der Sache. Meinen Sohn müssen Sie nicht zum Fußball motivieren. Er braucht keinen (An-)Reiz. Es ist sein Trieb, sich mit dem Ball und den anderen Jungs zu bewegen: intrinsische Motivation.

Sind Sie Führungskraft im Vertrieb? Dann brauchen Sie Verkäufer, die den Trieb haben, zu verkaufen. Wenn Sie im Auswahlverfahren den richtigen Kandidaten identifiziert haben, müssen Sie ihn nicht motivieren. Motiviert ist er schon, wenn er bei Ihnen anfängt.

Klar, der Verkäufer benötigt jetzt noch einen Ball. Der Ball ist in diesem Fall das Vertriebsziel. Ziele sind in der Führung von Menschen generell ein wichtiges Instrument. Im Vertrieb ist es elementar! Noch mehr: Vertriebsziele sind das wichtigste Führungsinstrument für Verkäufer!

TIPP

Sie können als Trainer/Führungskraft Ihre Spieler/Mitarbeiter nicht motivieren! Sie können nur dafür sorgen, dass diese nicht demotiviert werden!

Fragen Sie sich als Führungskraft: Haben Sie jene Mitarbeiter mit dem Trieb zur Aufgabe ausgewählt? Haben diese einen Ball (Ziele)? Sorgen Sie dafür, dass Ihre Spieler ihren Trieb ausleben können? Oder demotivieren Sie Ihre Verkäufer mit administrativen Tätigkeiten, die nichts mit dem eigentlichen Trieb zu tun haben?

Noch ein Zitat von Arno Schimpf, dem Sportpsychologen der Frauenfußball-Nationalmannschaft, der schon fünf Mal in Folge mit seinem Team den Europameistertitel gewann! In einem Interview mit der Zeitschrift Psychologie Heute wurde ihm folgenden Frage gestellt: „Dann fördern Sie Motivation gar nicht groß, sondern setzen diese bereits voraus?" Schimpf antwortete: „Ja genau. Wir stoßen sie nur hin und wieder einmal an, unterstützen in entscheidenden Phasen … Aber eine hohe innere Leistungsbereitschaft muss schon vorhanden sein. Für einen Spitzensportler ist Motivation aber fast zu wenig. Da braucht es Leidenschaft oder Besessenheit. Das ist nötig, um über zehn oder fünfzehn Jahre ein Ziel zu verfolgen, denn so lange dauert es in manchen Sportarten, bis man ganz oben angekommen ist."

Haben Sie ein Feindbild? Oder was motiviert Sie zu Spitzenleistungen im Vertrieb?

„Was versteht jemand, der Traktoren herstellt, schon von Sportwagen!“, soll der Legende nach Enzo Ferrari gesagt haben, nachdem ein Kunde die Kupplung an seinem Ferrari 250 GT reklamierte.

Das war in den 60er Jahren. Ein wohlhabender Unternehmer, der Traktoren herstellte, war mit verschiedenen Details seines Sportwagens unzufrieden. Doch der Ferrari-Chef war erbost über die Kritik. Also baute der Traktorenhersteller selbst eine Kupplung in seinen Sportwagen ein. Eine Traktorenkupplung!

Doch damit war die Sache noch nicht erledigt! Der Ehrgeiz des Unternehmers war geweckt: Er hatte von nun an das Ziel, den besseren Sportwagen als Ferrari zu bauen.

Der Name des Mannes? Ferruccio Lamborghini. Der Wettstreit, wer denn nun den besten Sportwagen baut, dauert bis heute an!

Mein Fazit: Beide haben den jeweils anderen als Feindbild. Beide wollen besser sein. Beide treiben sich gegenseitig zu Höchstleistungen an. Der unternehmerischen Entwicklung tun Feindbilder gut! Besonders im Vertrieb!

Ein anderes Beispiel: Seit 2007 begleite ich die Vertriebsmannschaft eines Unternehmens, das sein Business im Internet macht. Heute ein Multimillionen-Unternehmen. Marktführer. Mit Abstand. Etwa 50 Verkäufer in der Offline-Welt: Telefonverkäufer und Außendienstler.

In den ersten Jahren gab es ein klares Feindbild: Der Marktführer mit den amerikanischen Wurzeln. Die Kultur des Feindbildes wurde seinerzeit intensiv gepflegt. Auch in meinen Trainings. Alle hatten ein Ziel: Marktführer! Alle arbeiteten hart daran, den Wettbewerber zu verdrängen. Das hat mir und den Verkäufern immer viel Spaß bereitet. Was haben wir alles ausprobiert!

Seit einiger Zeit ist mein Kunde Marktführer. Mit vielen Längen Vorsprung! Doch nun ist die Stimmung im Vertrieb eine andere. Es wird sich viel mehr mit sich selbst beschäftigt, als es gut tut. Jetzt gibt es selbstgesteckte Wachstumsziele zur vertrieblichen Orientierung. Diese sind aber längst nicht so motivierend wie das klare Feindbild zuvor! Schade. Und die Nummer zwei hat sich mit seiner Position arrangiert. Hier kommt nichts mehr. Ja, ich hätte gern wieder ein Feindbild.

Und wie ist das bei Ihnen? Was treibt Sie zu Spitzenleistungen im Vertrieb an?

TIPP

Denken Sie einmal über die Kultur des Feindbildes in Ihrem Markt nach! Es lohnt sich!

Versager!

Steve Jobs wurde mit 30 Jahren gekündigt. Und das von der Firma, die er selbst gegründet hatte! Er bekam Depressionen und Selbstzweifel.

Albert Einstein lernte erst mit vier Jahren sprechen. „Aus dem Jungen wird nie etwas Anständiges", sagten seine Lehrer.

Walt Disney wurde von einer Zeitschrift mit der Begründung gefeuert, dass er keine originellen Ideen hätte und es ihm an Vorstellungskraft fehle.

Die Beatles wurden von den Decca Recording Studios abgewiesen, weil ihnen der Sound nicht gefiel und man meinte, dass diese als Musiker im Showbusiness keine Zukunft hätten.

Thomas Edison bekam von seinem Lehrer zu hören, dass er zu dumm sei, um im Leben etwas zu erreichen.

Oprah Winfrey wurde als Nachrichtensprecherin gefeuert, da sie nicht für das Fernsehen geeignet sei.

Die Bewerbung von Andreas, einem ehemaligen Verkaufstrainer aus meinem Team, wurde von der Trainingsorganisation eines der größten Automobilherstellers abgelehnt. Die Begründung: Er sei ein guter Autoverkäufer, doch als Trainer ungeeignet. Vier Jahre nach dieser Ablehnung hat er das europäische Trainingskonzept für diesen Hersteller über fünf Monate entscheidend mitgeprägt. Bei einem Train-the-trainer-Seminar für die internen Trainer meinte einer der Teilnehmer: „Den sollten wir mal zu unseren Händlern schicken." Darauf antwortete sein Kollege: „Bist du verrückt? Wenn der da war, brauchen wir nie wieder zu kommen!"

Zu Beginn meiner Vertriebskarriere wurde ich aufgrund meiner Bewerbung zu einem Assessment Center zur Kandidatensichtung bei Rank Xerox in Neuss eingeladen. Ich gebe zu, es war nicht mein bester Tag: Mit einer Erkältung und Fieber wollte ich dennoch meine Chance nutzen. Doch schon nach den beiden ersten Übungen meinte eine der Führungskräfte, dass ich hier keine Chance haben würde. Ich war raus. Er gab mir dann noch mit, dass ich doch grundsätzlich einmal darüber nachdenken solle, ob Vertrieb das Richtige für mich sei.

TIPP

Es geht nicht darum, was Ihnen zustößt. Es geht immer darum, wie Sie damit umgehen!

Bei jedem genannten Beispiel hätte der vermeintliche „Versager" auch die Nacht über ins Kissen heulen können, um dann aufgrund von Selbstzweifeln aufzugeben.

Sie haben immer die Wahl!

Ihr Wettbewerber greift Ihre Kunden an? Ihre wichtigsten Kunden wollen „mal ein Jahr pausieren" und einen neuen Lieferanten testen? Der Einkauf schreibt Ihre Leistungen via Internetauktion noch einmal ganz neu aus? Als Außendienstler wird Ihr Reisegebiet verkleinert: „Wachstum durch Zellteilung"? Ihr Chef fordert eine Preiserhöhung im zweistelligen Prozentbereich?

Und? Wie gehen Sie damit um?

Wann ist der beste Zeitpunkt für Erfolg im Vertrieb?

Heiligabend. Beim telefonischen Weihnachtsgruß sagt mir mein Freund Karsten, dass er am 30. noch einen Akquise-Termin habe: eine Bank. Wie bitte? Am 30. Dezember?

Bürotag. Einer meiner Telefonverkäufer sitzt mir gegenüber. Da ich nur selten im Büro bin, habe ich keinen „eigenen" Schreibtisch. Ich setze mich meist zu meinen Telefonverkäufern. Es ist Freitag, 16:20 Uhr, und ich höre, wie mein Mitarbeiter den wichtigsten Auftrag der Woche abschließt. Wir freuen uns beide sehr darüber! Am meisten über den Zeitpunkt! Freitag ... 16:20 Uhr ...!

4. Oktober. Ein Freitag. Der Brückentag nach dem Tag der deutschen Einheit. Rückblickend war es der Tag mit der höchsten Nettoquote im Telefonverkauf in meinem Team! An diesem Tag waren unglaublich viele Entscheider telefonisch zu erreichen! Oft hatte die „Firewall" im Vorzimmer den Brückentag zum Ferientag gemacht und den Chef seinem Schicksal überlassen. Gleichzeitig waren die meisten Gesprächspartner viel zugänglicher und gesprächsbereiter, da es auch für diese ein ruhiger Tag am Schreibtisch war.

Wann ist der beste Zeitpunkt für Erfolg im Vertrieb?

TIPP

Branchenübergreifend hat sich in den letzten Jahren ein „idealer" Zeitraum herausgestellt. Die Zeit zwischen dem 1. Januar und dem 31. Dezember eines Jahres eignet sich optimal, um Geschäfte zu machen! ;-)

Fazit: Hinterfragen Sie Ihre Glaubenssätze! Erfolgreiche Verkäufer tun Dinge, die erfolglose Verkäufer nie tun würden!

Wonach stellen Sie Ihre Uhr?

Eine alte Geschichte: Eduard arbeitet in einer Fabrik. Er wohnt aber am anderen Ende der Stadt. Jeden Morgen geht er zu Fuß zur Arbeit und stoppt auf halber Strecke an einem Juweliergeschäft. Dort steht eine schöne alte Uhr im Schaufenster, nach der er seine Uhr stellt. Jeden Tag das gleiche Ritual.

Eines Tages spricht ihn der Juwelier an und erkundigt sich, was er denn jeden Morgen vor seinem Schaufenster mache. Eduard erklärt ihm, dass er Vorarbeiter in der Fabrik sei und dafür verantwortlich, dass die Mittagssirene pünktlich um zwölf Uhr ertönt. Daher stelle er seine Uhr jeden Morgen nach der schönen alten Uhr im Schaufenster.

Darauf entgegnet ihm der Juwelier: „Das ist interessant. Seit Jahren stellen wir die Uhr nach Ihrer Mittagssirene!"

Wonach stellen Sie Ihre Uhr? Woran orientieren Sie sich? Viele Menschen stellen ihre Uhren nach den Uhren anderer. Viele Menschen orientieren sich an den Resultaten anderer. Man sagt: „Wer nicht für seine Ziele arbeitet, der arbeitet automatisch für die Ziele anderer!"

Und im Vertrieb? Woran orientieren Sie sich? Stellen Sie Ihre Uhr nach …

… dem, was Ihnen in der Einarbeitung gesagt wurde, was richtig und möglich ist?

… dem, was Ihnen Ihre Führungskraft sagt, was richtig und möglich ist?

… dem, was Ihnen Ihre Kollegen erzählen, was richtig und möglich ist?

… dem, was die Presse schreibt, was in Ihrem Markt richtig und möglich ist?

… dem, was Sie in Ihrem Kopf als limitierende Glaubenssätze verankert haben, was richtig und möglich ist?

Hinterfragen Sie gerade im Vertrieb, was richtig und was möglich ist: Arbeitsweise, Argumentation, Preise, Sortiment, Kundengruppen, Potenziale usw.

Wer macht, was alle machen, bekommt, was alle bekommen! Willkommen im Mittelmaß! Oder: Wonach stellen Sie Ihre Uhr?

Gipsarm, blaue Flecken und Abschürfungen oder: Wie sehr wollen Sie den Erfolg?

Frühling. Skatepark. Mein Sohn und ich. Nein, den Altersdurchschnitt verfälschen wir nicht: Mein Sohn ist mit acht Jahren meist der Jüngste und ich fast immer der Älteste auf dem Board. Er mit Skateboard, BMX und „Tricks-Roller", wie er es nennt, ich mit Skate- oder Longboard. Ein schönes Hobby. Und dabei noch ideal, um „Sozialstudien" unter Jugendlichen zu betreiben: Wie sind 13- bis 22-Jährige so „drauf"?

Ein paar Beobachtungen, die auch für Verkäufer spannend sind:

Die Kids üben stundenlang den gleichen Trick. Eine unglaubliche Ausdauer. Hundert Mal den gleichen Bewegungsablauf. 90 Prozent aller Versuche scheitern. Zumindest zu Beginn. Später wird es besser. Aufgeben kommt nicht in Frage. Die anderen können den Trick ja auch. Oder irgendwer in einem YouTube-Clip, den sie sich dann in den Fahrpausen auf dem Smartphone gemeinsam ansehen.

Sie beobachten sich gegenseitig. Geben sich ungefragt Feedback. Oder fragen den, der es kann, was sie falsch machen. Das ist ganz normal. Auch bei mega-coolen Teens!

Oft wird der Versuch mit dem Smartphone gefilmt und dann in der Gruppe analysiert. Logisch.

Gipsarm, blaue Flecken, Abschürfungen ... alles kein Grund, abzubrechen. Der Trick muss doch irgendwie funktionieren!

Sie ahnen sicher, worauf ich hinaus will ... Es mag sein, dass der eine oder andere in der Schule keine guten Noten abliefert, doch die Grundeinstellung, „Erfolg haben zu wollen“, ist deutlich zu sehen. Vielleicht schaffen es manche Lehrer nicht, die Teens für ihr Thema zu begeistern ... Ich erinnere mich da an meine Schulzeit zurück ...

Wie ist das nun bei Verkäufern? Wie ist das bei Ihnen selbst?

Wie oft probieren Sie eine neue Verkaufstechnik aus? Nehmen wir beispielsweise das „Aktive Empfehlungsmarketing“: Diese Methode der Neukundengewinnung ist über jeden Zweifel erhaben!!! Doch meist fragen die Verkäufer nicht oder nur zwei, drei Mal. Und dann kommt: „Geht bei mir nicht.“ Die Teens üben es so lange, bis es klappt. Und Sie?

Sehen Sie sich DVDs an, in denen die Methode oder Technik von einem Profi beschrieben wird? Die Teens machen es!

Fragen Sie erfolgreiche Kollegen, wie diese vorgehen? Oder haben Sie Angst, sich dabei einen Zacken aus der Krone zu brechen? Geben Sie Kollegen ungefragt Feedback und Tipps? Und wie reagieren diese darauf? Die Skater können ganz natürlich damit umgehen.

Üben Sie Verkaufssituationen im Rollenspiel oder mit Video-Feedback? Nehmen Sie Ihre Telefongespräche auf und hören sich diese später selbstkritisch an? Dafür haben die Kids ihr Smartphone!

Sie verlieren ein paar Kunden und/oder Aufträge und wissen dann, dass es so nicht geht? Der Preis ist zu hoch, der Wettbewerb zu stark, die Kunden zu doof, Ihr Produkt nicht gut genug? Und dann? Jammertal und „Dienst nach Vorschrift“? Skater üben auch mit Gipsarm!

Mein Tipp: Gehen Sie bei schönem Wetter mal zu einem Skatepark. Beobachten Sie. Denken Sie darüber nach, wie Sie heute lernen und sich weiterentwickeln!

Die Skater machen das alles aus Spaß ... Sie und Ihre Familie leben davon!

Verkäufer? Ja. Immer?

Sommer 2012. Meine Kinder haben ihre Freunde aus der Grundschule und aus dem Kindergarten zu einer Poolparty in unseren Garten eingeladen. Die Eltern geben ihre Kinder bei mir ab und hinterlassen ihre Handynummer für den Notfall. Doch ein Vater überreicht mir direkt seine Visitenkarte mit dem Hinweis: „Ach, und wenn Sie mal einen Insolvenzberater brauchen, dann rufen Sie mich gerne an!"

Daraus entwickelte sich ein nettes Gespräch, obwohl ich ihm mitteilte, dass meine geschäftliche Entwicklung durchaus positiv verlaufe und ich sicher sei, weit vom Thema Insolvenz entfernt zu sein. „Nun ...", meinte er, „... wenn nicht bei Ihnen, vielleicht kennen Sie dann ja jemanden ...". Das kam sehr nett, sympathisch und mit einem Lächeln rüber.

Als er seine Tochter später wieder abholte, hatten wir gleich ein interessantes Small-Talk-Thema. Ich wollte wissen, in welchen Unternehmen er denn so unterwegs sei und was er dort genau mache. Interessant! Sehr interessant!

Was mich beeindruckte: Er ist ein Verkäufer! Und seine Akquise-Tätigkeit endet nicht am Freitagnachmittag mit Verlassen des Büros, sondern er lebt seinen Beruf mit Leidenschaft! Er akquiriert immer, wenn sich die Gelegenheit dazu ergibt. Er ist von dem, was er macht, überzeugt und wenn ich seine Dienste momentan nicht brauche, so könnte ich ja jemanden kennen, für den sie interessant ist. Stichwort „Empfehlungsmarketing". Natürlich, der Ton macht die Musik! Seine Frage kam ganz sympathisch und wie selbstverständlich bei mir an. Mir gefällt so etwas!

Wie ist das bei Ihnen? Verkäufer? Ja. Immer?

In meinem Team gilt die Philosophie, dass wir auch unsere Lieferanten auf unser Angebot ansprechen oder dass wir Besuchern und Anrufern, die uns etwas verkaufen wollen, auch unsere Leistungen anbie-

→ immer verkaufen, auch Lieferanten etc

ten bzw. den Bedarf ermitteln. Das hat schon zu manchem Auftrag und zu vielen Empfehlungen geführt.

Der Alltag ist voller (Verkaufs-)Chancen! Nutzen Sie sie!

Mehr dazu auf YouTube

Wie hartnäckig sind Sie?

Kennen Sie den brasilianischen Schriftsteller Paulo Coelho? Sein bekanntestes Werk ist „Der Alchimist". Fast wäre dieses Buch in der Bedeutungslosigkeit versunken, weil sein Verleger es aus dem Programm genommen hatte. Es waren nur knapp 1.000 Exemplare verkauft worden. Dabei hätte Coelho es belassen können und wir hätten nie davon erfahren. Doch der Autor suchte sich einen anderen Verlag, der das Buch erfolgreicher vermarktete: Bis heute ist es in 62 Sprachen übersetzt und in einer Auflage von fast 30 Millionen Exemplaren verkauft worden.

Paulo Coelho war von seinem Werk überzeugt. Und er war hartnäckig. Diese Hartnäckigkeit ist eine Eigenschaft vieler erfolgreicher Menschen: Mir fallen spontan Steve Jobs und Dieter Bohlen ein. In der Biografie von Steve Jobs finden Sie Szenen, bei denen er sich in Verhandlungen weigert, den Besprechungsraum des Kunden zu verlassen, wenn dieser nicht auf seinen Vorschlag eingeht! Oder Dieter Bohlen, der in seinen Anfangsjahren den Musikproduzenten immer wieder seine Demobänder geschickt hat.

Alle Genannten haben gemeinsam, dass Sie einen Misserfolg einfach nicht akzeptieren!

„Die Menschen machen immer die Umstände dafür verantwortlich, was sie sind. Ich glaube nicht an Umstände. Die Menschen, die vorangehen in dieser Welt, sind stets jene, die sich aufmachen und die Umstände suchen, die sie brauchen, und sie schaffen, wenn sie sie nicht finden können." (George Bernard Shaw (1856–1950), irischer Schriftsteller)

Was bedeutet das nun für den Verkauf?

Akzeptieren Sie das „Nein" in der Telefonakquise? Oder rufen Sie später noch einmal an? Vielleicht schicken Sie einen persönlichen Brief oder die Checkliste mit „10 Punkte, auf die Sie beim Kauf von … achten sollten!" („Geistige Brandstiftung®")?

Einkäufer rotieren im Job: Bei Aldi hat ein Einkäufer immer nur maximal sechs Monate mit einem Verkäufer zu tun, dann wechseln ganz bewusst die Ansprechpartner, damit keine persönlichen Beziehungen die Verhandlungen beeinflussen! Ist Ihr Ansprechpartner bei Ihrem Zielkunden noch auf seiner Position? Bleiben Sie am Ball!

Tipp: Sind Ihre Kunden oder Zielkunden bei XING? Dann kommen Sie dort in Kontakt. Als Premiummitglied sollten Sie dann einmal im Monat die Funktion: Powersuche „Direkte Kontakte, deren Firma/Position sich kürzlich geändert hat" betrachten. Sie sehen hier ganz bequem, wer das Unternehmen oder den Verantwortungsbereich gewechselt hat. Ich habe immer um den 15ten eines Monats herum eine Wiedervorlage in meinem Kalender, bei der ich an diese Recherchefunktion erinnert werde.

Aber auch ohne XING macht es Sinn, folgende Philosophie zu verinnerlichen:

TIPP

4H: Höfliche Hartnäckigkeit hilft häufig!

Warum Verkäufer sich selbst vertrauen müssen

In dieser Woche hatten wir einen Verkäufer zu Gast in unserem Büro, der uns eine große – eine wirklich große – Investition verkaufen wollte. Wir hatten ihn eingeladen. Wir haben direkt bei ihm angefragt. Konkreten Bedarf haben wir auch. Und: Er kommt auch noch über eine Empfehlung! In der Vorbereitung zu diesem Termin ist er auch ohne Auftrag schon sehr weit in Vorleistung gegangen!

Das Gespräch und seine Angebotspräsentation waren gut. Auch das angebotene Produkt entspricht unseren Vorstellungen und Wünschen. Alles scheint zu passen.

Doch irgendetwas verunsicherte mich. Der Verkaufsprofi in mir bemerkte immer wieder ein Zögern beim Verkäufer. So nach dem Motto: Hier muss doch jetzt ein Einwand kommen. Wieso fragen die hier nicht kritisch nach?

Mein Bauch sagte mir: Hier stimmt was nicht. Entscheide jetzt nichts. Überprüfe seine Aussagen im Nachhinein. Recherchiere! Und das mache ich gerade auch. Drei Telefonate habe ich schon mit Menschen aus meinem Netzwerk geführt, die mich in meiner kritischen Haltung bestärken. Und damit sind wir vom Kaufabschluss gerade meilenweit entfernt!

Ein Hund merkt, ob der Postbote Angst hat. Dementsprechend beißt er oder eben nicht. Ein Pferd spürt, ob sich der Reiter den Sprung über das Hindernis zutraut oder nicht. Die Reaktion darauf kann verweigern sein. Wir als Kunden haben ein Gespür dafür, ob ein Verkäufer hinter seinem Angebot, seinen Produkten, seiner Firma, seinem Beruf und seinen Preisen steht – oder eben nicht. Und im Zweifel kaufen wir lieber nicht.

Kunden zu überzeugen ist deutlich komplexer, als nur Bedarfsermittlung, Nutzenargumentation und Abschlusstechniken: Kaufentscheidungen werden emotional getroffen – um sie später rational zu rechtfertigen!

Verkäufer brauchen maximales Selbstvertrauen. In sich als Mensch. Als Person. Und in ihre Tätigkeit. Ich muss mir als Verkäufer selbst vertrauen – sonst wird es der Kunde auch nicht tun!

Selbstvertrauen kommt von innen. Ich muss mir klar sein, dass ich mein Ding mache. Das, wozu ich mich selbst entschieden habe.

Sind Sie dieser souveräne Verkäufer, der so beim Kunden auftritt, dass er keinen Zweifel aufkommen lässt?

Sich regen bringt Segen - Von nix kommt nix: Schlagzahl und Schlagkraft im Vertrieb

„Ein Sechstel aller berufstätigen Menschen in einer entwickelten Volkswirtschaft ist im Vertrieb und Verkauf beschäftigt. Viele davon sind im Außendienst oder sind Unternehmer. Und sie alle haben eins gemeinsam: Sie alle können mehr verkaufen als sie bisher verkauft haben! Wie kann ein Verkäufer immer mehr und noch mehr verkaufen? Die besten Verkäufer haben klare Prinzipien, die sie stetig und konsequent verfolgen." (Prof. Dr. Karl Pinczolits)

Im letzten Jahr war es „mein Buch des Jahres", das ich gelesen habe: „Der Schlagzahlmanager" des Kollegen Pinczolits. Weil ich immer eher auf das Thema „Qualität" im Vertrieb geachtet habe. Seit dem Buch achte ich auch stärker auf die „Quantität" bei Vertriebsaktivitäten. Und … es funktioniert! Bei meinem Team und mir – aber auch in vielen Kundenprojekten – können wir über die „Quantität" den Erfolg deutlich steigern!

Professor Pinczolits wird daher in diesem Buch immer mal wieder zu Wort kommen. Hier mit den ersten beiden von fünf Verkäufer-Prinzipien:

1. Sich täglich ins Zeug legen

„Sich regen bringt Segen', lautet ein altes Sprichwort, welches vor allem im Verkauf wichtig ist. Die Kundenkontakte und die Kundenzeit sind die Basis und der Ausgangspunkt für jeden Verkaufserfolg. Eine der wichtigsten Erkenntnisse aus Forschungsarbeiten im Vertrieb lautet: Wer mehr macht, hat letztlich auch mehr davon. Die einfache Erklärung für dieses Phänomen ist, dass mit der Anzahl der Kontakte zu den Kunden auch die Anzahl der Chancen für neue und zusätzliche Geschäfte steigt. Das erweitert die Chancenbasis und damit die Wahlmöglichkeiten und der Verkäufer kann aus einem größeren Potential die besten Chancen auswählen. Aktivität ist die Basis des Erfolgs. Mehr Frequenz bringt mehr Geschäft und viele Kontakte bringen viele Kontrakte. Die Fragen, die sich hier stellen, sind: ‚Wie viel ist zu tun?' und zweitens: ‚Was ist dabei zu tun?', um im Vertrieb erfolgreich zu sein. Aktivitäten, nennen wir sie ‚Schlagzahlen', folgen gewissen Gesetzmäßigkeiten, sie sind nicht speicherbar und in der Regel auch nicht nachholbar. Das Steuern der Aktivitäten ist aber das Um und Auf jeden vertrieblichen Erfolgs. Wachsen in einem Markt bedeutet entweder mehr Aktivität bei den Kunden (Schlagzahl), mehr Produktivität (Schlagkraft) oder eine höhere Verkaufsqualität (Trefferquote). Die Schlagzahl zu steigern ist dabei die Basis und der einfachste Weg, den Marktdruck zu erhöhen.

Inaktive Verkäufer, die nur auf Kundenreaktionen warten, werden sich im Verkauf immer schwertun. Der erste Indikator für Inaktivität ist der Anteil an Arbeitszeit, den Verkäufer für das Verkaufen aufwenden. Wir wissen, dass in fast allen Branchen die Zeit, die Außendienstmitarbeiter tatsächlich beim Kunden verbringen, bei etwa dreißig Prozent liegt und dass weitere dreißig Prozent für Administration aufgewendet werden. Eine Erhöhung der ‚Auge in Auge'-Arbeitszeit und eine damit verbundene Erhöhung der Kontaktrate ergibt die Möglichkeit zur Erweiterung der Chancen."

sales is a numbers game

2. Auf's richtige Pferd setzen

„Profis diskriminieren Aufgaben und Aktivitäten. Sie vermeiden die Gleichbehandlung, denn nicht jede Aktivität bringt den gleichen Erfolg und oft wird schon damit der vertriebliche Erfolg erhöht, dass nur die Reihenfolge der auszuführenden Aktivitäten verändert wird. Profis steigern ihre Produktivität, indem sie sich auf die wichtigen Aufgaben konzentrieren und versuchen, den Anteil dieser an ihren Gesamtaktivitäten zu erhöhen. Das Erhöhen der Schlagzahl hat eine weit tiefere Auswirkung auf die Kunden und Märkte als es der rein additive Zuwachs an Aktivitäten vermuten lässt. Erstens: Sie werden besser in allem, besser, wenn sie es öfter machen. Eine höhere Schlagzahl verbessert die Qualität ihres Handels. Zweitens: Eine hohe Schlagzahl verbreitert die beruflichen Chancen und Möglichkeiten. Eine hohe Schlagzahl sichert den Erfolg ab und Ergebnisse steigern sich überproportional mit der Schlagzahl. Drittens: Die notwendigen Aufgaben werden leichter, denn alles, was Menschen häufiger tun, fällt ihnen leichter.

Was ist die wichtigste Schlagzahl? Von den durchschnittlich mehreren tausend Aktivitäten, die ein Verkäufer im Laufe seines Lebens macht, gibt es einige wenige, die mehrheitlich für den Erfolg verantwortlich sind. Das sind die ‚Schlüsselschlagzahlen'. Eine Schlüsselschlagzahl kann vieles sein: im Autohaus die Probefahrt, in der Bank das Beratungsgespräch, auf der Baustelle eine Vorführung, im Anlagengeschäft das Angebot. Eine Analyse von Spitzenverkäufern zeigt einen hohen Anteil an Schlüsselschlagzahlen verglichen mit den Gesamtaktivitäten.

Wer sich auf's Wesentliche konzentriert, darf niemals die falsche Arbeit machen. Die falschen Verkaufsaktivitäten sind häufig beobachtete Produktivitätsräuber.

Wer sich täglich auf's richtige Pferd setzt, erreicht eine bis zu dreißigprozentige Chancenausbeute seiner Kontaktzahl. Wer falsche und unproduktive Aktivitäten und den Kontakt zu unproduktiven Kunden auf unter zwanzig Prozent seiner Arbeitszeit begrenzt, hat eine bessere Aktivitäts-Ergebnis-Relation."

Jeder Verkäufer kann immer mehr verkaufen, als er aktuell verkauft

... nun bin ich Ihnen noch die fehlenden drei Erfolgsprinzipien für Verkäufer von Prof. Dr. Karl Pinczolits schuldig, die ich in der letzten Geschichte angekündigt habe ... Hier geht es weiter:

3. Einen klaren Schnitt machen

„Wer rasch und klar täglich Entscheidungen trifft, ist produktiver im Verkaufen. Die wichtigsten Entscheidungen, die Sie treffen müssen, sind, welche Kunden mit welchen Produkten/Dienstleistungen aktiv betreut werden. Produktiver werden bedeutet, die richtigen Aktivitäten bei den besten Kunden auszuführen. Sie können bis zu sechsmal mehr arbeiten als der schlechteste Verkäufer in Ihrer Branche, aber Sie können bis zu hundertmal so produktiv sein, wenn Sie die richtigen Kunden mit den richtigen Produkten ansprechen.

Verkaufen bei den besten Kunden bedeutet, dass Sie täglich bewusst die Auswahl Ihrer Zielgruppe beeinflussen. Produktivität bedeutet, wertvolle Kunden von weniger wertvollen Kunden zu unterscheiden und dann entsprechend zu betreuen. Die Anzahl der richtigen Aktivitäten zur richtigen Zeit bei Ihren Kunden und Märkten ist hier der Schlüssel zu höherer Produktivität. Profis betreuen niemals die falschen Kunden. Die richtigen Kunden im richtigen Zeitfenster zu kontaktieren, kann dreißig- bis vierzigmal so wirkungsvoll sein wie zufällige oder ungeplante Kundenansprachen. Aber auch Zeitpunkte sind wichtig – wenn Kunden zum Beispiel am Ende des Verkaufsprozesses auf den Preis angesprochen werden, lassen sich höhere Preise erzielen."

4. Nägel mit Köpfen machen

„Unser vierter Ansatzpunkt, den Sie zur Beeinflussung der Professionalität zur Verfügung haben, ist der konkrete Verkaufsakt oder ein konkretes Geschäft. Die Frage ist hier, wie beschleunigen Sie jeden Geschäftsfall und verbessern Ihre Trefferquote? Rasch und unkompliziert zu handeln ist hier die zentrale Fähigkeit. Hier geht es darum, von den ersten Kontakten zu Kunden bis zu einer langjährigen Geschäftsbeziehung die Abwicklung der Verkaufsaktivitäten zu rationalisieren. Je länger, je manipulationsintensiver, je komplizierter ein einzelner Verkaufsakt ist, umso niedriger ist die Produktivität. Einen hohen Deal Flow (Anzahl der Abschlüsse, Aufträge in der Zeiteinheit) erreichen Sie, wenn Sie den Kunden schnell und unkompliziert betreuen können. Wer viele Verkaufsakte rasch und unkompliziert abwickelt, wird vom Kunden auch mehr geschätzt.

Wer umständlich und kompliziert verkauft, hat in der Abwicklung seiner Geschäfte bald Probleme, weil die Bewältigung des Geschäftsvolumens einfach zu zeit- und energieraubend ist. Verkäufer mit einem hohen Deal Flow können doppelt so viele Kunden und auch doppelt so viele Geschäftsfälle in der gleichen Zeit betreuen wie andere Durchschnittsverkäufer."

Keep it easy!! Für Kunden

5. Eigenverantwortung erhöht die Verkaufsleistung

„Ihre eigene Arbeitsorganisation, Selbststeuerung und Selbstwirksamkeit sind weitere Schlüssel zur Leistungssteigerung. Sie setzen dann Ihre Arbeitskraft optimal ein, wenn Sie weder unterfordert noch überlastet sind. Eine gute Selbststeuerung erhöht die Produktivität, indem sie die Möglichkeiten des Marktes in machbare Aktivitäten umlegt. Niemals planlos vorgehen bedeutet, dass Sie Möglichkeiten zu Ergebnissen machen.

Wer ungeplant und ohne Vorbereitung in einen Markt eintritt, der wird seine Verkaufsaktivitäten unkoordiniert setzen und die Ziele nicht oder nur mit viel Stress erreichen. Wer Ziele zum Beispiel in Aktivitäten umrechnet und plant, trifft sein Ziel dreimal so wahrscheinlich, wie wenn ungeplant vorgegangen wird. Die richtige Eigenorganisation erlaubt es, Arbeitszeit zu reduzieren, Engpässe zu vermeiden und auf den richtigen Mix zwischen den einzelnen Aktivitäten zu achten.

Ein Verkäufer hatte früher mehrere Jahre Zeit, um produktiv zu werden. Heute verlangt man bereits oft im ersten Jahr, dass er viel mehr bringt, als er kostet.

TIPP

Im Schnitt muss jeder, der verkauft, je nach Branche alle zwei bis sieben Jahre das Doppelte von seinen Produkten und Dienstleistungen verkaufen, um das gleiche Gehalt und damit das gleiche Einkommen mit dem gleichen Kaufwert zu erhalten.

Jeder Verkäufer kann immer mehr verkaufen, als er tatsächlich verkauft. Das gilt für Verkäufer genauso wie für Unternehmer, die verkaufen. Die Differenz zwischen den aktuellen und den möglichen Leistungen ist die Leistungslücke. Die persönliche Leistungslücke beträgt bei jedem Verkäufer zwischen 20 und 30 Prozent.

Wer sich auf die beschriebenen Faktoren konzentriert, verkauft mehr in kürzerer Zeit und das mit einem geringeren persönlichen Aufwand.

‚Mehr richtige Aktivitäten, bei den besten Kunden mit den richtigen Produkten, rasch und unkompliziert gut organisiert und geplant! ‘ Nur so und nicht anders können Sie professionell wie ein Weltmeister verkaufen. Das Gegenteil dieser Behauptung funktioniert einfach nicht. Ein Verkäufer, der unwichtige Kunden mit den falschen Aktivitäten, selten und auch noch planlos zur falschen Zeit betreut, der ist garantiert erfolglos!“

Nebenbei bemerkt: Als Verkäufer den Wagen zwischen zwei Kundenbesuchen tanken oder waschen? Auf keinen Fall!!! Wissen Sie, wie viele Verkaufschancen Sie bei ein paar tausend Verkäufern im Tagesgeschäft damit verpassen?! Wie viel Umsatz dadurch NICHT gemacht wird!?

Was Sie hierher gebracht hat, wird Sie nicht weiterbringen

Eine Doppeltür am Flughafen. Der Mann vor Ihnen hält die Tür auf. Sie bedanken sich artig. An der nächsten Tür revanchieren Sie sich und halten nun ihm die Tür auf. Das erleben Sie täglich. Ganz normal. Unbewusst. Der Fachbegriff für dieses Phänomen: das Reziprozitätsprinzip. Oder einfacher formuliert: Dankesschuld.

Doch wie können Sie dieses Phänomen zu Ihrem Vorteil im Verkauf nutzen?

Eine Sekte hat diesen Effekt vor einigen Jahren so weit optimiert, dass sie damit große Summen „akquirieren“ konnte: Vornehmlich an Flughäfen und an Bahnhöfen begrüßten sie die Reisenden sehr freundlich und schenkten ihnen eine Blume. Dann folgte die gezielte Frage nach einer Spende. Die Trefferquote war enorm hoch. Sie wissen jetzt, warum die Ausbeute so erfolgreich war.

Eine Studie zum Thema Trinkgeld bei Kellnern hat ergeben, dass das Trinkgeld etwa 20 Prozent höher ausfällt, wenn der Kellner die Rechnung mit ein paar gratis Bonbons vorlegt.

Wie oft haben wir schon etwas genutzt, bei dem der erste Monat, die erste Stunde oder was auch immer gratis war. Und dann sind wir dabei geblieben. Aus Dankbarkeit. Weil wir finden, dass das sonst unfair wäre …

Umsetzung? Jetzt konkret? Ich verschicke gern ein passendes Buch an einen Zielkunden. Mit Widmung und Erklärung im Begleitbrief. Einen individuellen „Aufhänger“ finde ich meist in einem Presseartikel zum Unternehmen oder zur Person. Ein Zielkunde, der trotz intensiver Einwandbehandlung nicht bereit ist, seinen Anbieter mit meiner Leistung zu vergleichen, für den passt gut das Buch „Was Sie hierher gebracht hat, wird Sie nicht weiterbringen: Wie Erfolgreiche noch erfolgreicher werden". Schon der Buchtitel sagt aus, was ich von ihm will. Geht es darum, dass Sie Ihrem Zielkunden mit Ihren Produkten oder Dienstleistungen noch mehr Umsatz bescheren wollen, so könnte der Buchtitel „Umsatz Extrem" vielleicht passen. Bei dem Thema Einkaufsprozesse, Kostenoptimierung, Einsparmöglichkeiten passt möglicherweise der Bestseller „Milliardengrab Einkauf. Einkauf – die Top-Verantwortung des Unternehmers nicht nur in schwierigen Zeiten".

Sie benötigen hier keine große Kreativität. Wenn Sie ein passendes Buch zur Ihrer Leistung gefunden haben, dann können Sie dieses immer wieder verschicken. Es sind ja jedes Mal neue Empfänger.

Was passiert auf der Kundenseite? Ein Buch hat einen völlig anderen Stellenwert als ein Werbebrief. Ein Buch in den Papierkorb werfen kostet Überwindung! Sie signalisieren dem Empfänger, dass Sie sich mit ihm und seiner aktuellen Aufgabenstellung beschäftigt haben. Sie zeigen Interesse. Gleichzeitig haben Sie investiert. Bücher kosten Geld. In vielen Fällen erhalten Sie in ein bis zwei Wochen ein Feedback vom Empfänger. Selbst Vorstandsvorsitzende bedanken sich mit einem persönlichen Brief! Alles schon erlebt! Und dann … Dann haben Sie einen genialen Einstieg für ein Folgegespräch in einer ganz anderen Stimmung, als Sie es möglicherweise in der Erstakquise erlebt haben.

Man muss begreifen, dass Qualität und Erfolg voneinander unabhängig sind …

Bessere Produkte und Dienstleistungen? Bessere Preise? Oder bessere Verkäufer?

Wenn Sie schon einmal bei einem meiner Vorträge oder Seminare waren, dann kennen Sie eines meiner Lieblingszitate:

„Wir verlieren Aufträge nicht an bessere Produkte, an bessere Dienstleistungen oder an bessere Preise. Wir verlieren Aufträge an bessere Verkäufer!“

Das ist meine tiefste Überzeugung! Und immer wieder finde ich Belege für diese Aussage:

„Man muss begreifen, dass die Qualität eines Films und sein Erfolg voneinander unabhängig sind. Grundsätzlich: Jeder Film kann an der Kasse funktionieren, solange er richtig vermarktet wird. Wohingegen selbst schlechte Filme ihr Publikum finden, wenn sie richtig verkauft werden.“ Der erfolgreiche Schauspieler Will Smith in der WirtschaftsWoche.

Also: Qualität oder Vertrieb?

Ja, ich weiß, natürlich werde ich mit einem schlechten Produkt vertrieblich nicht unbedingt gewinnen. Doch auch günstige Preise und eine gute Qualität führen nicht automatisch zu Verkaufserfolgen!

Immer wieder erlebe ich, dass Unternehmen mit der Einführung von Produkten und Dienstleistungen zögern, weil sie das „perfekte“ Angebot machen wollen. Gerade wir Deutschen haben einen Hang zur Perfektion. Ja, natürlich steht das auch für Qualität „Made in Germany“. Doch wie viele vertriebliche Chancen werden vertan, weil Perfektion vor Vermarktung kommt?! Dann erklären mir Verkäufer vor einer Messe, warum sie das neue Produkt auf der Messe noch nicht vorstellen wollen, weil es ja erst drei Monate danach fertig und lieferbar ist. Dabei wäre die Messe der ideale Zeitpunkt, um mit den vertrieblichen Aktivitäten zu starten. Drei Monate nach der Messe hat der Wettbewerb sein Produkt schon platziert und den Sack zu gemacht!

Wenn Dieter Bohlen seine Fähigkeiten als Sänger auf ein überdurchschnittliches Niveau hätte bringen wollen, bevor er seinen ersten Song veröffentlichte, dann hätte er heute noch keinen Euro Medienumsatz. Doch Bohlen ist ein Verkäufergenie!

Die Frage, die sich die meisten ehrgeizigen Verkäufer stellen

„Der Mensch hat dreierlei Wege klug zu handeln: erstens durch nachdenken, das ist der edelste, zweitens durch nachahmen, das ist der leichteste, und drittens durch Erfahrung, das ist der bitterste." (Konfuzius)

Wie werde ich schnell (noch) erfolgreich(er) im Vertrieb/Verkauf? Das ist DIE Frage, die ehrgeizige Verkäufer meist beschäftigt. Wie finde ich die „Abkürzung" zum Erfolg, ohne alle negativen Erfahrungen selbst machen zu müssen, und gleichzeitig auch noch eine Menge Zeit zu sparen?

Wie machen das Kinder? Egal in welchem Alter: Kinder orientieren sich an Vorbildern. Zu Beginn an den Eltern, später an den älteren Geschwistern, an Freunden, am Umfeld, dann in der Pubertät an Sängern, Filmstars und Sportlern. Mein siebenjähriger Sohn ist beim Fußballspiel nicht Ben, sondern Manuel Neuer, der Torwart von FC Bayern.

Beim Leistungssport hatte ich früher immer ein paar ausgewählte Stars der Szene als Vorbilder. Ich habe wie sie trainiert! Ich nutzte das Material, das sie nutzten (wenn ich es mir leisten konnte). Ich wollte wissen, wie deren Lebensumstände waren, suchte Orientierung.

Und? Ja, es hat in vielen Bereichen gut geklappt. Und es ging schneller, als hätte ich alles selbst ausprobiert!

Als Trainer und Redner war Tom Peters mein erstes Vorbild, meine Orientierung, meine Benchmark. Mich interessierte nicht nur, was er geschrieben hat, sondern auch, was über ihn geschrieben wurde. Das Buch „Das Tom Peters Phänomen" von Stuart Crainer war schon 1998 eine geniale Inspiration für mich.

Und Sie als Verkäufer? Finden Sie für sich die passenden Vorbilder: erfolgreiche Kollegen im eigenen Team, erfolgreiche Verkäuferkollegen in der Branche oder sogar beim Wettbewerb. Suchen Sie den Austausch! Hinterfragen Sie den Erfolg der anderen!

Hierbei ist eins sehr wichtig: Es geht nicht darum, jemanden komplett zu kopieren! Es geht vielmehr darum, sich nur den Bereich abzuschauen, der für Sie relevant ist, der Bereich, in dem Sie noch besser werden wollen!

Lance Armstrong ist ein Vorbild für mich. Aber nur in einem bestimmten Bereich! Nein, Doping und Ehrlichkeit sind es nicht ;-) Bereits verstorbene Persönlichkeiten können ebenso Ihr Vorbild sein! Steve Jobs bietet mir in vielen Bereichen spannende Orientierungsmöglichkeiten!

Sie müssen Ihr Vorbild auch nicht persönlich kennen: Sind Sie Autoverkäufer, so wäre Joe Girard vielleicht ein passendes Vorbild für Sie. Nachweislich ist er der erfolgreichste Autoverkäufer auf diesem Planeten gewesen. Oder als Finanzdienstleister: Chris Gardner, Reinfried Pohl und Carsten Maschmeyer könnten etwas für Sie sein.

Wenn Sie Ihre Vorbilder nicht persönlich kennen, dann präsentieren zumindest die oben genannten ihr Wissen und ihre Erfahrung in Büchern. Auch das Internet bietet meist vielfältige Informationen dazu. So haben Sie die Möglichkeit, sich ganz in Ruhe mit deren Einstellung und Taten zu beschäftigen und Ihre persönlichen Impulse abzuleiten.

Was haben James Bond und der Freund meines Sohnes gemeinsam?

Das Handy klingelt. „Bond, James Bond …“ London ist am anderen Ende der Leitung. Ein neuer Auftrag. Bond übernimmt sofort. Macht sich direkt an die Arbeit.

So ist das immer! In allen 007-Filmen. Bond akzeptiert jeden Auftrag, jede Situation. Oder haben Sie schon einmal eine Argumentation von ihm gehört wie: „Och nee, jetzt nicht. Bin gerade beschäftigt. Die nette Blondine. Der köstliche Martini. Asien – ist da nicht gerade Regenzeit? Ich habe meinen Impfpass gerade nicht dabei. Brauche ich da nicht ein Visum?“ Nein, Bond kann und will immer! Eine ganz besondere innere Haltung!

Hm … mag ja sein, bei einem Spezialagenten im Auftrag der Majestät. Oder bei einer Romanfigur. Aber im Alltag?

In dieser Woche war ich mit meinem Sohn Ben (7) und seinem Freund Efe (7) in einem Freizeitpark. Kletter- und Geschicklichkeitsparcours. Beide entscheiden sich für die schwierigste Variante der Tour. Efe ist viel kleiner als Ben, trägt Sandalen statt Turnschuhen. Ben hat die Strecke schon ein paar Mal absolviert. Heimvorteil. Efe ist zum ersten Mal dort.

Und was durfte ich beobachten? Egal wie schwierig die Aufgabe, das Hindernis, die Strecke auch war: Efe zögerte nie, keine Ausreden, kein Beklagen oder sonst etwas in der Art. Und er hatte auch noch viel Spaß dabei! Ich erkenne die „James-Bond-Einstellung“ wieder.

Und wie ist das jetzt im Vertrieb? Wie viele Verkäufer kennen Sie (den, den Sie am Morgen im Spiegel sehen mit eingerechnet), die diese „besondere innere Haltung“ haben? Ich muss da schon etwas länger nachdenken!

Gerade im Vertrieb wird gern gejammert, gestöhnt und herumgenörgelt. Und „während die Intellektuellen noch die Strategie diskutieren, haben die Dummen schon die Burg gestürmt!“ Doch hier geht es nicht nur um (Vertriebs-)Intelligenz. Hier geht es um die eigene Einstellung, die innere Haltung. Oder meinen Sie, dass „man“ jetzt im Hochsommer und zur Ferienzeit keine Erfolge im Vertrieb einfahren kann?

Wenn Sie zukünftig an Ihre Vertriebsziele denken, dann fragen Sie sich doch, ob Sie hier etwas von Efe und James Bond lernen können.

Million Dollar Sunday - Woher bekommen Top-Verkäufer Ideen und Motivation?

Vor ein paar Jahren war ich Teilnehmer auf einer viertägigen internationalen Konferenz in den USA. Am Sonntag fand der „Million Dollar Sunday“ statt: eine kleine Konferenz mit 34 Gästen innerhalb des großen Events mit 1.800 Teilnehmern. Teilnehmen konnte nur, wer nachweislich jährlich mehr als eine Million Dollar Umsatz mit Vorträgen und Seminaren machte. Der Veranstalter hatte sich die Bilanzen der Teilnehmer vorab angesehen und gegebenenfalls mit dem Steuerberater Rücksprache gehalten. Auch dadurch war es ein exklusiver Kreis an diesem Sonntag.

Jeder der Gäste wusste schon vorab, wer in der Runde anwesend sein würde. Alle hatten vorab „Hausaufgaben“ bekommen: Man sollte den anderen Teilnehmern zwei „Million Dollar“-Ideen vorstellen. Zwei Gedanken, wie man eine Million verdienen und/oder sparen kann – in maximal drei Minuten!

Ich glaube, es ist überflüssig zu erwähnen, dass hier zwei außergewöhnliche Ideen kommen müssen! Denn alle Teilnehmer spielen in der Champions League! Da will sich keiner blamieren.

Dann folgten noch ein prominenter Überraschungsgast aus der Wirtschaft, der eine Stunde über sein Insider-Wissen berichtete, sowie der Praxisbericht eines Teilnehmers. Auch die Pausen waren spannend: geniale Kontakte und Gedankenaustausch auf höchstem Niveau!

Seither achte ich darauf, keinen Million Dollar Sunday zu verpassen! Dieser eine Tag ist für mich beruflich unfassbar wertvoll!

Und wo bekommen Sie Ihre neuen Ideen, Impulse und einen Motivationsschub her?

Mobile Motivationstrainer: Verkäuferische Vorteilsargumentation am Beispiel von Porsche

Kunden kaufen keine Merkmale, sondern nur ihren Vorteil!

Doch meist argumentieren Verkäufer viel zu viele Merkmale, Produkteigenschaften, anstatt dem Kunden zu zeigen, was er von dem Produkt wirklich hat: Statt mit „480 PS" zu argumentieren, kommuniziert Porsche für seine neu eingeführte Modellvariante des 911er die Vorteile, die der Kunde davon hat.

Es lohnt sich für Sie einen neuen 911er zu fahren, weil ...

... ein Porsche eine so typische Silhouette hat, dass selbst seh- und gehbehinderte ältere Damen rechtzeitig beim Überqueren einer Straße erkennen können: Da kommt ein schnelles Auto!

... beim Kauf eines Porsche leicht mehrere 10.000 Euro Mehrwertsteuer zusammen kommen, die der Staat dann in seinen Sozialetat stecken kann.

... es eine Ressourcenverschwendung ist, eine andere Automarke zu fahren, die – kaum vom Händlerhof gefahren – schon 40 Prozent Wertverlust hat.

... man mit der Anschaffung dafür sorgt, dass es auch noch in 30 Jahren begehrenswerte Oldtimer auf dem Markt gibt.

... Porsche-Fahrer mobile Motivationstrainer sind, die jungen Leuten im Vorbeifahren erklären, warum es sich lohnt, im Beruf mehr als Dienst nach Vorschrift zu machen.

... Elfer-Fahrer bei dem Stauraum, der ihnen zur Verfügung steht, gelernt haben, im Leben mit dem Nötigsten auszukommen.

... im Porsche selbst Topmanager auf Dienstboten am Steuer verzichten.

... Porsche-Fahrer Verkehrserziehung betreiben und so manchen anderen Fahrzeug-Lenker daran erinnern, dass es auch noch eine rechte Fahrspur gibt.

Mehr dazu auf YouTube

Was ist ein Bestseller?

Larry Winget ist ein Star in der amerikanischen Rednerszene. Ein unglaublicher Typ! In einem Vortrag vor Trainern und Rednern stellte er mit seiner „eindeutigen" Art klar, was ein Bestseller ist: ein Buch, das auf einer offiziellen Bestseller-Liste genannt wird! Nur das zählt!

Eine Nummer 1 in einer Unterkategorie bei Amazon sei hingegen kein Bestseller! Amazon sei ein Retailer, ein Händler – wenn auch ein sehr großer – sonst nichts! Und diese Rankings bei Amazon würden jede Stunde neu erstellt. Das habe mit einem Bestseller nichts zu tun.

Larry Winget weiß, wovon er spricht: Hatte er doch schon einige Bücher auf der Bestseller-Liste der New York Times!

Dieser Vortrag war bei mir der Auslöser für das Ziel: Bestseller-Liste! Die Amazon-Unterkategorie-Nummer 1 hatte ich ja schon einige Male …

Nun ist es soweit: Buchreport, die die Zahlen für die beiden offiziellen Bestseller-Listen (Spiegel und manager magazin) in Deutschland erheben, haben das Ranking veröffentlicht: „Umsatz Extrem" ist die Nummer 18 der Wirtschaftsbestseller!

Juhu :-)

… und Dankeschön … an Sie lieber Leser, liebe Leserin! Ich freue mich sehr über dieses indirekte Kompliment!!!

Berührt

Ein großer Vorteil meines Berufes ist, dass meine Kunden oft mehrere Redner für ihre Veranstaltung buchen und ich so immer wieder die

Möglichkeit habe, selbst neues Wissen zu tanken und gleichzeitig den Auftritt der Kolleginnen und Kollegen zu genießen. Durch die Vielzahl der anderen Vorträge und auch dadurch, dass ich die meisten Kollegen schon einmal erlebt habe, bin ich nicht mehr ganz so schnell zu begeistern. Doch vor einiger Zeit durfte ich ein Highlight erleben, obwohl es zuerst gar nicht danach aussah …

Der neunte Kaminabend der „Kompetenzpartner". By invitation only. Location: der exklusive japanische Golfclub Kosaido in Düsseldorf. Einer von zwei Vorträgen: „Gmund – eine Papiermarke in Bewegung", präsentiert vom geschäftsführenden Gesellschafter Florian Kohler.

Erwartet hatte ich einen klassischen Business-Vortrag: Mitarbeiterzahl, Umsatz, Historie, Grundsätze … kurz: das Übliche.

Nach zwanzig Minuten Vortrag war ich begeistert. Besser noch: berührt. Nicht so sehr vom Inhalt: Es ging um Feinstpapiere. Mehr von der Begeisterung des Herrn Kohler für sein Produkt, sein Business, seine Leidenschaft.

Ich erlebe viele handwerklich gut gemachte Vorträge. Auch dieser war es. Doch Sie spüren, ob jemand einen Vortrag hält, weil er darum gebeten wurde oder weil er damit sein „täglich Brot" verdient. Und Sie spüren es, wenn jemand ein Fenster öffnet und einen Blick in sein Leben zulässt. Das hat Herr Kohler mit seinem Vortrag getan und die Gäste und mich erreicht. Berührt!

➜ Fazit 1

Wir haben bei unserem gestrigen internen Meeting beschlossen, von der konsequenten digitalen Kommunikation mit unseren Kunden abzurücken und mehr via Papier zu kommunizieren. Speziell das Angebotswesen wird bei uns nun anders „verpackt".

➜ Fazit 2

Sie und ich, wir als Kunden, wir spüren es, ob uns jemand in erster Linie etwas verkaufen will oder ob er ein „Überzeugungstäter" ist. Sind

Sie und/oder Ihr Team mit voller Überzeugung und Leidenschaft dabei? Ihr Auftritt muss nicht perfekt sein. Doch „Dienst nach Vorschrift“ wird nicht zum (Verkaufs-)Erfolg führen.

Mir fällt dazu noch eine Geschichte aus meinem ersten Jahr im Außendienst ein: Ein Neukunde hatte einen großen Erstauftrag bei mir platziert. Wochen nach der Bestellung gab er mir beiläufig Feedback: „Deine Produkte, lieber Dirk, die sind austauschbar. Die hätten wir woanders auch bekommen. Doch Du hast so für Dein Angebot, Deine Produkte und Deine Firma ‚gebrannt‘. Du warst so begeistert, dass es uns angesteckt hat. Wir haben wegen Dir gekauft.“

Vielleicht denken Sie nun, dass Ihre Produkte und Dienstleistungen nicht so emotional sind? Dass Ihre Kunden „kühle Rechner“ sind, die rein rational entscheiden?

TIPP

Ich bin überzeugt: In den meisten Fällen verlieren wir Aufträge an bessere (und begeisterte) Verkäufer!

Wer jammert, wird ausgewechselt!

Samstagmittag auf dem Fußballplatz. Die Mannschaft meines achtjährigen Sohnes spielt ein Turnier. F-Jugend – das ist die Phase, in der die Kinder lernen, dass man nicht immer nur dem Ball hinterher läuft, sondern dass es auch ein Stellungsspiel gibt.

Beim Warmmachen beginnen zwei der Kinder zu maulen. Die Antwort des Trainers darauf vernimmt der ganze Fußballplatz: „Wer jammert, wird ausgewechselt!!“

Und? ... ja, es funktioniert! Die Jungs konzentrieren sich auf das Spiel und gewinnen dieses Mal 3:1.

Und wie ist das jetzt im Vertrieb?

Glauben Verkäufer, die beim Kundenbesuch über was auch immer stöhnen und sich beklagen – Wetter, Marktlage, interne Probleme, den bösen Wettbewerber usw. – denn wirklich, dass ein Kunde aus Mitleid (mehr) kauft? Nein, das Gegenteil ist der Fall: Da Gemeinsamkeiten sympathisch machen, steigt der Kunde oftmals mit in das Thema ein – bei ihm ist es meist noch viel schlimmer! Damit befinden sich beide im Jammertal. Und im Jammertal werden bekanntlich keine Geschäfte gemacht!

TIPP

Egal, was Sie erlebt haben, wie es Ihnen geht und wie Sie sich fühlen: KUNDEN KAUFEN NUR VON SIEGERN! Merken Sie sich das!

„Soll ich denn dem Kunden etwas vorspielen? Ich will doch authentisch sein!" Gegenfrage: Wollen Sie etwas verkaufen? Glauben Sie nicht, dass gut gelaunte und optimistische Kunden wahrscheinlicher bei Ihnen (mehr) kaufen?

Es gibt so viele Kunden, die trotz des Verkäufers etwas kaufen! Zu dieser Spezies von Verkäufern sollten Sie nie gehören! Beherzigen Sie die Vertriebsweisheit, dass alles, was Sie dem Kunden sagen, wahr sein muss! Doch nicht alles, was wahr ist, müssen Sie auch sagen!

Bauernregel: Glückliche Kühe geben mehr Milch!
Sozialakquise-Regel: Pessimisten küsst man nicht!
Verkäufer-Regel: Kunden kaufen nur von Siegern!

Zeige mir eine Branche mit viel Widerstand – und ich zeige Dir Verkäufer, die viel Geld verdienen!

Nach einem Vortrag sucht ein Teilnehmer das Vier-Augen-Gespräch: „Das ist ja alles richtig, was Sie sagen, Herr Kreuter. Aber in meiner Branche ist das ganz schwierig!"

Schwierige Kunden. Schwierige Produkte. Schwierige Regionen. Intern ist es schwierig. Preiskampf und so weiter …

Ist es wirklich so? Oder hat das etwas mit der eigenen Einstellung, dem eigenen Blickwinkel zu tun?

1. „Wenn es einfach wäre, würden es alle tun!"
   Gäbe es keine anspruchsvollen Kunden/Produkte/Regionen, dann bräuchte man auch keine Verkäufer!

TIPP

Herausforderungen sind die Daseinsberechtigung für Verkäufer!

2. Berater, Aufschreiber, Kundenbesucher, Warenverteiler, Rabattgeber „verdienen" auch nicht viel Geld! Je größer die Herausforderungen, umso größer das Einkommen!
3. Wachstum hat mit Widerstand zu tun! Ein Muskel wächst immer nur nach einem Widerstand, den er nicht gewohnt ist! Gute Verkäufer entwickeln sich am Widerstand.
4. In dem Film „Das Streben nach Glück" gibt es eine Szene, in der ein Gospel-Chor singt: „Gib mir nicht weniger Probleme und Sorgen, sondern gib mir die Stärke, die ich brauche, um diese Probleme besser zu bewältigen!" Was tun viele Verkäufer? Sie wünschen sich Rabatte, andere Gebiete, andere Produkte, einfache Kunden und schwache Wettbewerber. Ist es nicht sinnvoller in solchen Situationen an der eigenen Stärke zu arbeiten? Sich selbst weiter zu entwickeln?

Der eingangs erwähnte Teilnehmer ist Inhaber einer Druckerei. Vergleichbare Produkte. Preiswettbewerb. Internet-Anbieter. Mein Tipp in diesem kurzen Gespräch: Er solle die „Geistige Brandstiftung®" als Checkliste für seine Kunden ausarbeiten. Ein paar Tage später schickte er mir dann seine 10-Punkte-Liste, die den Kunden zum Nachdenken bringen wird. Das funktioniert! Nicht immer. Aber sehr oft! Und macht Spaß ;-)

Am Markt wird er nichts ändern können. An seiner Art, wie er darauf reagiert, schon! Und wie reagieren Sie auf Ihre „Herausforderungen"?

Und: Ich komme viel herum. Ich habe jedes Jahr in viele Unternehmen und Branchen einen tiefen Einblick. Bitte glauben Sie mir: Ich sehe keine wirklichen Unterschiede zwischen Kunden in der Steiermark, am Bodensee, im Münsterland oder Ruhrgebiet, am Tegernsee oder in Holland!

„Dieses Erfolgserlebnis braucht jeder Verkäufer, damit er weitermacht!"

Fast eine Stunde hat mein Sohn gebraucht, bis er das Vorderrad seines BMX-Rades zum ersten Mal auf das Hindernis bekommen hat. Eine Stunde entspricht etwa 30 Versuchen und einem Sturz, der richtig wehgetan hat. Doch dann kommt die spannendste Beobachtung: Nachdem es das erste Mal geklappt hat, klappte es immer wieder!

Da soll mir keiner erzählen, dass das etwas mit Kraft oder Technik zu tun hat! Das ist Kopfsache! Reine Kopfsache! Er hat sich selbst bewiesen, dass es geht, und danach gab es keine Zweifel mehr!

Kennen Sie Roger Bannister? (Ja, ich weiß … eine gewagte Überleitung) Er war der erste Mensch, der die Meile unter vier Minuten gelaufen ist. Eine grandiose Leistung am 6. Mai 1954! Doch noch bemerkenswerter ist die Tatsache, dass danach noch im selben Jahr 37 Läufer die Vier-Minuten-Grenze durchbrachen. Im Folgejahr waren es sogar mehr als 300 Läufer! Dieses Phänomen hat sogar einen Namen: Der „Bannister-Effekt"… und auch das war reine Kopfsache!

Was hat das jetzt mit Vertrieb zu tun?

Als Trainer und Redner weiß ich, dass die Lernkurve bei Verkäufern dann steil nach oben geht, wenn das Ausprobieren neuer Fertig-

einmal geschafft, dann immer mehr

keiten, Strategien, Taktiken und Formulierungen mit einem Erfolgserlebnis gekoppelt ist! Dieses Erfolgserlebnis braucht jeder Verkäufer, damit er weitermacht!

Und in der Praxis? Da bekommen neue Telefonverkäufer die ganzen „Schrott-Adressen“, die schon x-Mal angerufen wurden und bei denen nie etwas erreicht wurde! So nach dem Motto: „Da kann er nichts kaputt machen.“ Gut … er macht nichts kaputt, aber er hat auch kein Erfolgserlebnis! Das haut die Motivation in den Keller und sorgt keinesfalls dafür, dass auch einmal neue Wege ausprobiert werden.

Neue Telefonverkäufer brauchen vom ersten Tag an die besten Leads! Wenn Sie Führungskraft sind, dann sorgen Sie dafür, dass die neuen Verkäufer schnellstmöglich Erfolge feiern können!

Gleiches gilt für den Außendienst: Verkäuferische Rohdiamanten bekommen kein abgewirtschaftetes Gebiet mit nur C- und D-Kunden zugeteilt, in dem sie sich erst einmal ausprobieren können! Bitte auch keine Touren mit einem „alten Hasen“, der dem Neuling die Welt bei Kaffee-Fahrten und Stammkunden-Auftragsabholungen erklärt. Die Betonung liegt hier auf „einem“! Der „Neue“ soll Ihre besten Verkäufer kennenlernen. Jeden Tag einen anderen Profi in einer anderen Region. So lernt er den Erfolg kennen, er sieht selbst, was machbar ist, und verschiebt so seine Grenzen im eigenen Kopf.

TIPP

Für beide Verkäufer – Innendienst oder Außendienst – gilt: keine endlosen Schulungen in der Einarbeitung! Sondern: Praxis, Kundenkontakte und Erfolge. Sofort!

„Hast du erst einmal die Schranken übertreten, gibt es keine Grenzen mehr.“ (Alphonse Allais)

Wir sind heute nicht abgemahnt worden!

Ein Pharmakongress mit begleitender Messe. Mein Kunde ist dort mit einem 600 qm Stand vertreten. Am Abend, auf dem Weg ins Hotel, freut er sich: „Wir sind heute nicht abgemahnt worden!“ Ich wundere mich. Was ist daran so besonders?

Er erklärt mir, dass dies in der Branche Alltag sei. Der direkte Wettbewerber beschäftige elf eigene Anwälte, die natürlich ausgelastet werden müssten. „Normalerweise bekommen wir schon am Aufbautag die ersten Abmahnungen“, informiert er mich. Dabei ginge es weniger um das Durchsetzen von Rechtsverstößen, sondern vielmehr darum, den Wettbewerb bei seinem Tagesgeschäft zu stören.

Wow! Was für ein Branchen-Brauch! Hier wird richtig gekämpft. Dass wir uns richtig verstehen: Ich finde das weder angemessen noch witzig – nur sehr bemerkenswert. Die Verkäufer dürfen nicht einmal einen Werbekuli beim Kunden vergessen. Dafür können die abgemahnt werden. Wahnsinn ... wie kompliziert!

Also ... Freuen Sie sich, dass es in Ihrer Branche noch nicht zu solchen Verhältnissen gekommen ist! Seien Sie froh, dass Sie sich noch auf Ihre Kernkompetenz „Verkauf“ konzentrieren können!

Und: Die Kontaktanfrage eines Anwalts via XING lösche ich immer sofort. Da bin ich jetzt vorsichtig, nachdem ich einmal eine Abmahnung von einem Anwalt erhalten habe, den ich nach einem Vortrag beim Marketing-Club kontaktierte. So etwas brauche ich wirklich nicht!

Never walk! - Gib deinen Kunden niemals ab!

Kilometer 15 beim Marathon. Alles tut weh. Es ist so heiß. Verpflegungsstation. Innere Dialoge. „Komm, hier gehst du ein paar Meter. Kannst vernünftig trinken. Wenn du dir beim Laufen wieder die Cola in die Nase schüttest … Das brennt so ...“

Keine Kunden abgeben!! Sondern wachsen & klarkommen

Never walk!

Kilometer 25. Es wird immer schlimmer. „Jetzt aber gehen. Nur ein paar Schritte."

Never walk!

Erstens: Ich spreche vom Marathon, der den Abschluss einer Triathlon-Langstrecke ausmacht: 3,8 km Schwimmen, 180 km Radfahren und 42 km Laufen. Das ist etwas anderes als ein Stadtmarathon!

Zweitens: Egal, ob Triathlet oder Langstreckenläufer, die Regel „Never walk!" gilt für beide: Wer bei Kilometer 15 geht, der geht danach bei jeder Verpflegungsstation. Und er geht immer länger. Und ab Kilometer 35 geht er nur noch. Also: „Never walk!"

Das gilt auch für den Vertrieb: Wie oft diskutiere ich mit Verkäufern über Kunden bzw. Interessenten, mit denen der Verkäufer „nicht klarkommt". Verkäufer legen ihre Erfolgsaussichten dann in die Hände des Schicksals: „Es gibt nun einmal Menschen, bei denen man sofort spürt, dass die Chemie nicht passt." Ach wirklich? Und wenn so einer kommt, dann kann „man" nichts mehr machen? Tatsächlich? Das heißt dann also, dass „man" vom großen „Verkäufer-Manitu" abhängig ist, der einem die passenden Kunden schickt?

Klartext: Verkäufer haben sich auf jeden Kunden einzustellen, mit jedem Kunden zurechtzukommen. Punkt. Das ist unser Job. „Chemie" ist eine Ausrede.

„Never walk!" bedeutet hier: Ein Verkäufer gibt keinen Kunden an den Kollegen oder den Chef ab, weil es in der Kommunikation etwas anspruchsvoller wird. Niemals! Wenn Sie einmal damit anfangen, dann kommen die Ausreden immer schneller, immer weniger Kunden passen dann plötzlich zu Ihnen. Statt sich auf den Kunden und die Lösung der Aufgabe zu konzentrieren, wägen Sie ab, ob das nicht ein Kandidat für den Kollegen wäre. Nein, akzeptieren Sie Ihre eigenen Vorwände nicht!

Wenn Sie Führungskraft sind, dann kennen Sie dieses Phänomen: Es sind immer die gleichen Verkäufer, die Sie rufen, weil ein Kunde

„schwierig“ ist, der Preis von Ihnen nachgebessert werden muss oder der Kunde plötzlich den Chef sehen will. Immer die gleichen Verkäufer! Immer! Nebenbei bemerkt: selbst schuld! Dazu gehören immer zwei: Einer, der es einfordert, und einer, der es zulässt.

Denken Sie als Verkäufer doch einmal an die Anfänge der Zusammenarbeit mit Ihren heutigen Top-Kunden. War das von Anfang an immer „harmonisch“? Nach dem ersten Treffen mit meiner Frau habe ich auch gedacht: „Die hat ein Herz aus Stein!“ Heute sind wir glücklich verheiratet.

„Anspruchsvolle“ Kunden sind auch anderen Verkäufern gegenüber „so drauf“. Wenn Sie sich dessen bewusst sind, dann ergibt sich daraus konsequenterweise, dass Sie mit jedem Kunden klarkommen müssen. Das ist Ihr Anspruch an sich selbst und Ihren Beruf.

Wenn dann doch einmal etwas gründlich daneben geht, gibt es noch den nachträglichen Anruf mit der Selbstbezichtigung: Ein, zwei Tage – manchmal auch eine Woche – später rufen Sie den Kunden, der nicht kaufen wollte, noch einmal an: „Was habe ich falsch gemacht? Was ist da schiefgelaufen? Was hätte ich tun sollen?“ Bewusst sich selbst kleiner machen … Meist reagiert der Kunde jetzt ganz anders als im vergangenen Verkaufsgespräch, in dem Sie mit ihm auf Augenhöhe verhandelt haben. In der Regel ist er jetzt zugänglicher und lässt sich noch einmal auf ein Verkaufsgespräch ein. Die Trefferquote ist bei dieser Vorgehensweise beachtlich! Das ist natürlich nicht für jeden Verkäufer etwas. Doch was haben Sie zu verlieren? Keinen Auftrag haben Sie schon!

Der Thermostat-Effekt

Was passiert, wenn jemand, der ständig pleite ist, Millionen im Lotto gewinnt oder erbt? Wie viel Geld hat diese Person dann noch nach zwei oder drei Jahren? Nichts. Wieder pleite!

Was passiert, wenn jemand, der schon immer stark übergewichtig war, durch eine Diät zehn oder 15 Kilogramm abnimmt? Wie viel wiegt diese Person in ein oder zwei Jahren? Meist so viel, wie vor der Diät. Oft noch mehr!

Warum ist das so?

Das ist der Thermostat-Effekt. Ein Heizkörperthermostat regelt die Raumtemperatur. Stellen Sie es auf 22 Grad ein, dann wird der Raum durchschnittlich diese Temperatur haben. Strahlt die Sonne auf die Fensterfläche, dann steigt die Temperatur kurzzeitig. Das Thermostat reduziert zeitgleich die Heizleistung. Lüften Sie den Raum, fällt die Raumtemperatur für ein paar Minuten. Die Heizung weiß nun, dass sie mehr leisten muss. So funktioniert das Heizkörperthermostat.

Und dieser Thermostateffekt sorgt auch dafür, dass Menschen, die nie gelernt haben, mit Geld, Nahrung oder Bewegung richtig umzugehen, ständig pleite oder fett sind.

Wollen Sie nachhaltig etwas verändern, dann gilt Ihre Aufmerksamkeit zuerst dem Thermostat-Effekt! Erst muss die „Temperatur" in Ihrem Kopf auf „wohlhabend" oder „schlank" eingestellt werden!

Schon vor 20 Jahren habe ich von diesem Effekt gehört. Aber nie beachtet. In den Osterferien 2011 las ich dann wieder davon. Nun machte ich mich daran, zu überprüfen, wo denn bei mir im Kopf eine „Temperatur" zu optimieren ist. Fündig wurde ich bei den Vortrags- und Trainingstagen: 2008 bis 2010 hatten meine Mitarbeiter und ich zusammen fast immer die gleiche Anzahl an verkauften Trainingstagen. Mal zehn mehr, mal zehn weniger. Gut, wir haben durch regelmäßige Preisanpassungen jedes Jahr mehr Umsatz erwirtschaftet, doch hingen wir, was die Anzahl der Tage anging, auf einem bestimmten Niveau fest. Das wollte ich ändern!

In den Folgewochen überlegte ich mir ein ehrgeiziges Umsatzziel: Verdoppelung!

Verdoppelung des Umsatzes? Ist das realistisch? Seriös? Was werden meine Mitarbeiter dazu sagen? Gut, die sind schon einiges in der Richtung von mir gewohnt, doch: verdoppeln? In einem Start-up sind solche Umsatzsprünge sicher machbar, doch ich bin ja nun auch schon über 20 Jahre in diesem Beruf unterwegs und wir sprechen über siebenstellige Summen. Wie soll das gehen?

Ziele sind eine Seite der Medaille. Die Strategie und die Maßnahmen zur Umsetzung sind die andere. Hier überlegte ich mir ein paar neue Wege zum Erfolg. Mir war klar, so wie wir es bisher gemacht hatten, würden wir auch nur den Erfolg haben, den wir bisher hatten. Es galt also grundlegend etwas zu ändern.

Am letzten Augustwochenende 2011 folgte dann unser traditionelles Strategiemeeting im engsten Mitarbeiterkreis auf Mallorca. In diesen vier Tagen geht es um die Ausrichtung für das Folgejahr. Ende August ist unser aktuelles Geschäftsjahr weitestgehend „durch“. Also präsentierte ich als Chef zu Beginn meine Erkenntnisse rund um den Thermostat-Effekt und die daraus resultierende Zielanpassung für 2012. Die Reaktion meiner Mitarbeiter habe ich noch immer vor Augen ;-) Ich hatte das Gefühl, dass diese sich fragten, was ich denn so geraucht haben könnte!

Nach den ersten Reaktionen stellte ich meine Ideen für die Umsetzung vor. Jetzt wurden die Zahlen klarer: In welchen Geschäftsbereich sollten welche Umsätze erzielt werden und wie sollte das gehen.

Mein Team war noch immer sehr kritisch, sah aber auch die Chancen. Von nun an wurden alle Themen der Agenda immer mit der „Brille“ der Umsatzverdoppelung betrachtet. Es entwickelte sich eine starke Dynamik in diesen vier Tagen. So schlug Lisa eine Maßnahme vor, die meines Erachtens viel zu teuer war. Ihre Antwort: Außergewöhnliche Ziele erforderten schließlich außergewöhnliche Maßnahmen. Sie hatte Recht! Auch für mich war das eine steile Lernkurve!

Wenn wir uns an dem orientieren, was wir sind und können, dann werden wir stehen bleiben. Wenn wir uns an unseren Zielen orientieren, dann werden wir wachsen!

Anfang September 2011 kamen wir hoch motiviert wieder im Tagesgeschäft an. Aber es fühlte sich anders an. Das gesamte Team lief irgendwie auf Autopilot. Destination: Verdoppelung 2012!

Erste Ergebnisse: Das zweite Halbjahr 2011 war besser, als das erste Halbjahr. Das gab es bei uns noch nie! Das erste Halbjahr hat netto fünfeinhalb „Saisonmonate". Das zweite Halbjahr hat nur dreieinhalb Monate, die wir voll fakturieren können. Dabei berücksichtigen wir vor allem die Ferienzeiten. Das Ergebnis ist umso beeindruckender, weil wir ein sehr langfristig ausgelegtes Geschäft haben. Wow!

Somit beendeten wir 2011 mit 25 Prozent über Jahresziel!

Vor ein paar Wochen fand wieder das Mallorca-Meeting statt. Aktuell liegen wir bei den Umsatzhochrechnungen für 2012 acht Prozent unter Ziel. Wow! Wir alle im Team haben ein breites Grinsen im Gesicht. Wir genießen unseren Erfolg. Nur bitte: Meinen Sie nicht, dass alle Maßnahmen auch erfolgreich waren! Nein, wir haben auch ein paar Projekte regelrecht in den Sand gesetzt. Doch die Richtung passte immer!

Was will ich Ihnen damit sagen? Ich meine, wenn das bei mir und meinen zehn Mitarbeitern funktioniert hat, dann wird das doch auch bei Ihnen funktionieren! Schauen Sie, wo Sie bei einer bestimmten „Temperatur" festhängen, wo Sie sich oder Ihr Unternehmen weiter entwickeln wollen. Setzen Sie sich neue Entwicklungsziele und erarbeiten Sie die passenden Maßnahmen zur Umsetzung. Und dann überzeugen Sie Ihr Team, Ihre Kunden und Ihr Umfeld.

Wenn Sie dazu von meinen Erfahrungen profitieren wollen, dann freue ich mich, wenn Sie in meine Seminare und Vorträge kommen und/oder die entsprechenden Weiterbildungsmedien nutzen!

Mehr dazu auf YouTube

Beispiel Verdopplung Umsatz, meistens ist Kopfsache!!

Vom „Hinfallen“ und „wieder Aufstehen“ - nicht nur im Vertrieb

Man sagt ja, dass „Hinfallen“ nicht so schlimm sei, solange man nicht „liegen bleibt“. Wobei der jeweils Betroffene das Hinfallen durchaus als schlimm betrachtet.

Zahlreiche erfolgreiche Hollywoodfilme machen sich das Strickmuster des Gescheiterten zunutze, der später zum Helden wird. Nicht nur in der Fiktion, sondern auch in unserem realen Alltag mögen wir diese Geschichten von Fall und Aufstieg.

Dieses Strickmuster ist mir extrem bei meinen ersten Teilnahmen beim Kongress der National Speakers in den USA aufgefallen. Dort hat fast jede Keynote dieses Thema als „roten Faden“ für sich gepachtet. Ich gebe zu, die Dosis macht das Gift: Es hat mich manches Mal genervt. Es entsteht der Eindruck, als sei eine Karriere in meiner Branche für Amerikaner nur über ein schlimmes persönliches Schicksal oder einen vorangegangenen Tellerwäscher-Job möglich.

In Deutschland leben wir eine andere Kultur: Wer „hingefallen“ ist, wird von uns eher mit Vorsicht und Skepsis betrachtet. Ein Beispiel gefällig? Kollege Jürgen Höller. Er war zu New-Economy-Zeiten ganz oben: Inhaber eines Unternehmens, das 500 Millionen Euro an der Börse wert war. Gleichzeitig füllte er als Redner die größten Hallen in Deutschland. Er war die Nummer 1. Mit großem Abstand.

Dann stürzte er ab. Tief. Inklusive Haftstrafe und Millionenschulden. Doch er blieb nicht liegen.

Ich war einer der ersten Kollegen, die mit Jürgen Höller 2.0 zusammen aufgetreten sind. Spannend war, dass mich viele darauf angesprochen haben: „Wie kannst du nur mit dem?!“ Noch spannender ist allerdings die Tatsache, dass mich bis heute nicht ein einziger Kunde kritisch auf diese Zusammenarbeit angesprochen hat. Es waren immer nur Kollegen! Ich habe die Zusammenarbeit genossen! Sie war erfolgreich und ich habe viel von Jürgen lernen können.

Jürgen Höller 1.0 kannte ich nur aus der Presse und aus seinen Büchern. Natürlich habe ich abgewogen. Ich habe mich informiert. Auch durch sein Buch „Und immer wieder aufstehen!", das er während seiner „Auszeit" geschrieben hat und in dem er tiefe Einblicke in sein (Seelen-)Leben gewährt. Schlussendlich gab es für mich und mein Gewissen eine eindeutige Entscheidung: Mit dem willst du zusammenarbeiten!

Fallen und wieder aufstehen. Wenige lassen sich dabei so in die Karten schauen wie er. Mutig!

So ... Was möchte ich Ihnen damit sagen?

Erstens: Falls Sie fallen – was ich Ihnen nicht wünsche – stehen Sie schnell wieder auf!

Zweitens: Von denen, die gefallen und heute erfolgreich sind, können Sie mehr lernen, als von denen, die schon immer erfolgreich waren.

Drittens: Auch als Verkäufer können Sie von Krisen Ihrer Kunden profitieren. Wer in schlechten Zeiten dem Kunden partnerschaftlich zur Seite steht, der genießt später oft eine Loyalität, die nicht zu toppen ist.

Viertens: Seien Sie mit Ihren Kunden moralisch „im Reinen". (An der Stelle fällt mir die Eventmanagerin eines bekannten Versicherungsunternehmens ein, die mich tatsächlich gefragt hat, ob ich überhaupt bereit sei, für das Unternehmen tätig zu werden, weil es aktuell in der Presse weniger gut „besprochen" wird!)

Das Gesetz der Zahl

Die Eishockey-Legende Wayne Gretzky wurde einmal gefragt, wieso er denn immer mehr Tore schieße als jeder andere Spieler in der Liga. Seine Antwort war einfach und verblüffend zugleich: „Du musst bei jeder Gelegenheit auf das Tor schießen. Ich habe hundertmal mehr auf das Tor geschossen als jeder andere Spieler!"

Das ist das Gesetz der Zahl!

Ich bin überzeugt, dass Fleiß eine Grundtugend im Vertrieb und in der Akquise ist! Noch wichtiger ist – neben der reinen Quantität – die Qualität des Kundenkontakts. Im richtigen Moment, beim richtigen Kunden, richtig vorbereitet, mit dem richtigen Angebot! Ich nenne das „Vertriebs- und Akquise-Intelligenz".

Leistung aus Leidenschaft - Born to sell

Der Sänger Jürgen Drews war mit dem Wagen irgendwo in der Provinz zu einem seiner Auftritte unterwegs. Nach längerem Suchen traf er dann in der Kneipe ein. Die Verwunderung der Gäste war groß. Was will der hier? Jürgen Drews meinte, dass er an diesem Abend dort einen Auftritt habe. Der Wirt erklärte ihm dann, dass Ort, Tag und Zeit schon stimmen würden, doch das Jahr nicht. Erst im nächsten Jahr sei der Auftritt geplant! Ein Missverständnis.

Der Sänger ging daraufhin zu seinem Wagen, holte seine Gitarre und feierte mit den Gästen bis tief in die Nacht hinein!

Ortswechsel: Der Sänger Luciano Pavarotti gab ein Konzert in Österreich. Er und sein Team hatten eine Villa für diese Reise angemietet. Nach dem Konzert wurde gemeinsam gekocht und gegessen. Im Anschluss sang Pavarotti mit seinem Team noch seine Lieblingslieder. Nur so, um einen schönen Tag ausklingen zu lassen!

Beide tun das, was sie machen, aus Leidenschaft. Beide lieben es, zu singen und die Zeit mit anderen Menschen zu genießen. Dass sie damit auch noch gutes Geld verdienen, das ist Nebensache.

Wie sieht das bei uns Verkäufern aus? Man sagt Verkäufern ja oft nach, dass sie sehr geldgetrieben seien. Ich finde, dass das auch in Ordnung ist. Geld ist eine Form der Anerkennung und gibt einem die Freiheit, das zu tun, was man sich wünscht. Geld ist eine gute Sache.

Doch ich behaupte: Wer etwas nur für Geld tut, der wird nie jene Leistung in seinem Beruf erbringen, die mit echter Leidenschaft möglich wäre!

Wer gewinnt die Schlacht? Eine Söldnerarmee, die für Geld kämpft, oder eine Freiwilligenarmee, die für ihre Ideale, Werte, Ihre Heimat und Freiheit in den Kampf zieht?

Wofür kämpfen Sie im Vertrieb?

Endet Ihr Job um eine bestimmte Uhrzeit? Ist das Wochenende tabu? Oder lesen Sie Zeitungen auch mit dem Hintergedanken, wie Sie die gewonnenen Informationen in Ihrem Vertriebsalltag verwerten und gezielt einsetzen können? Stoßen Sie vielleicht auf einen interessanten Bericht über einen potenziellen Neukunden, den Sie daraufhin am Folgetag anrufen? Oder lesen Sie einen spannenden Artikel, den Sie einem Stammkunden schicken, da Sie meinen, dass er sich über diese Nachricht freuen wird?

Tag der offenen Tür bei einem Ihrer Kunden an einem Wochenende. Gehen Sie hin? Nehmen Sie vielleicht sogar Ihre Familie mit? Zeigen Sie mit Stolz, mit wem Sie Geschäfte machen?

Ein Wagen neben Ihnen im Stau, mit Werbung beklebt. Die Kontaktdaten sind auch dabei. Ein potenzieller Neukunde für Sie? Googlen Sie ihn später? Rufen Sie an?

Ich bin davon überzeugt, dass Spitzenleistung nur mit Leidenschaft möglich ist! Born to sell!

Frohes neues Akquise-Jahr!

Herzlich Willkommen im neuen Jahr!

… und? Haben Sie gute Vorsätze für das neue Jahr? Oder vielleicht sogar konkrete Ziele?

Ich denke, dass ich Ihnen den Sinn von Zielen nicht mehr erklären brauche. Irgendwie ist dies gerade ein Trendthema und alle Welt spricht darüber. Lassen Sie uns vielmehr einen entscheidenden Erfolgsfaktor beim Setzen von Zielen betrachten: die Schriftlichkeit!

Im Jahr 2006 erschien in der Zeitung „USA Today“ eine Studie, bei der Forscher eine repräsentative Gruppe von Menschen bei ihren „guten Vorsätzen für das neue Jahr“ beobachtet hatten. Nach genau zwölf Monaten zogen die Forscher Bilanz und machten dabei eine erstaunliche Entdeckung: Nur vier Prozent der Teilnehmer hatten sich an ihre Vorsätze gehalten, wenn sie diese nicht aufgeschrieben hatten! Im Gegensatz dazu hatten 44 Prozent Ihre Vorsätze realisiert, die ihre Gedanken aufgeschrieben hatten!

Das bedeutet nicht, dass klare und schriftliche Ziele eine Garantie für mehr Erfolg im Leben und/oder Vertrieb sind, doch die Erfolgswahrscheinlichkeit steigt um etwa das Zehnfache!

Schreiben ist eine „psychoneuromotorische Tätigkeit“: Schreiben zwingt uns zum Nachdenken und zu voller Konzentration. Die eigenen Ziele aufzuschreiben sorgt dafür, dass wir entscheiden müssen, was wir wollen, was Priorität in unserem Leben hat!

„Sie arbeiten entweder daran, Ihre eigenen Ziele zu verwirklichen, oder Sie arbeiten daran, die Ziele anderer Personen zu erreichen!“ … meint der amerikanische Kollege Brian Tracy.

Bei mir persönlich hat sich das „Ziele-setzen-Ritual“ über Jahre immer weiter verfeinert: Meine wirtschaftlichen und unternehmerischen Ziele dokumentiere ich stets im Sommer mit meinen engsten Mitarbeitern bei einer Auszeit auf Mallorca und noch einmal zum Jahreswechsel für mich allein. Meine persönlichen Ziele setze ich immer rund um meinen Geburtstag im September. Bei mir hat es sich bewährt, dies in Etappen zu tun. Ich nehme für mich so die Komplexität raus.

Kapitel 2:

Verkauf & Vertrieb

Reinhold Würth sagt: „Unsere Kernkompetenz ist Marketing und Verkauf. Befestigungstechnik können andere auch.“ Reinhold Würth ist ein Verkäufer – durch und durch – und der Erfolg seines Unternehmens ist eindeutig auf gute Vertriebs- und Verkaufsarbeit zurückzuführen. Was ist Ihre Kernkompetenz? Auf den nächsten Seiten bekommen Sie handfeste Ideen, wie Sie Ihre Neukundenzahl und Ihre Umsätze deutlich steigern können. Viel Spaß!

Kann man eine Scheibe auch „durchputzen"? Umsatz extrem an der roten Ampel

Ich frage mich: Kann man eine Scheibe auch „durchputzen"? In der letzten halben Stunde wurde die Frontscheibe meines Leihwagens schon viermal an einer roten Ampel von irgendeinem Heranwachsenden gewischt. So ist das hier in der Karibik. An jeder Ampel kann man Früchte, Telefonkarten, Ladegeräte, Wischblätter, Getränke und vieles mehr kaufen. Die Straßenverkäufer belagern die Autos.

Ich bin besonders begehrt: Wenn ich hier einen Wagen miete, nehme immer einen günstigen Kleinwagen, möglichst unauffällig und schon viele Kilometer gelaufen. Doch die Straßenverkäufer haben ein spezielles Auge. Noch ein paar hundert Meter entfernt, erkennen sie: Da kommt ein potenzieller Kunde, ein Tourist! Spätestens, wenn ich als Fahrer zu erkennen bin, ist klar: Der hat Potenzial! Ich sehe nun einmal völlig anders aus als die Einheimischen.

Ich kann ihnen böse Blicke zuwerfen, mit einem lässigen Handzeichen abwinken, lautstark protestieren oder einfach gar nicht reagieren. Aber es nutzt alles nichts. Der hat Potenzial, der wird akquiriert. Ob ich will oder nicht!

Aus fünf Metern Entfernung wirft der Junge seinen nassen Schwamm auf meine Frontscheibe. Dann kommt er angelaufen und wischt alles ganz gründlich. Wobei ... es gibt nichts zu wischen! Die drei Kollegen vorher haben ja schon ganze Arbeit geleistet.

Und? Ja, ich gebe ihm etwas Geld. Das nennt man dann „Dankesschuld" oder das „Reziprozitätsprinzip". Er war ja nett. Er hat sich ja Mühe gegeben. Er hat ja sonst nichts. Meine gute Tat für heute. Doch die guten Taten reichen heute bereits für einen ganzen Monat.

Was können wir Verkäufer aus diesen Erlebnissen lernen?

1. Einen Blick für Potenzial haben oder entwickeln!
2. Ob er will oder nicht: zuerst einmal ansprechen. Und dann schauen, wie sich die Situation entwickelt. Wie viele Verkaufsabschlüsse

oder Terminvereinbarungen habe ich schon erlebt, bei denen die Kunden vorher mit aller Kraft eine Entscheidung abgelehnt hatten!? Wie viele Gespräche habe ich schon erlebt, bei denen der Kunde zu Beginn direkt einwandte, dass er keine Zeit habe, die dann aber nachher von mir beendet werden mussten!?

3. Die Dankesschuld funktioniert auch bei uns sehr gut. Geschäfte werden eben doch zwischen Menschen gemacht. Finden Sie eine gute Lösung, dieses Verhaltensmuster auch bei Ihren Kunden zum Einsatz zu bringen.

Die Deutsche Bahn und „Verkaufen"? Finde den Fehler!

Neulich am Ticketschalter der Deutschen Bahn im Frankfurter Flughafen: „Zum Bochumer Hauptbahnhof, bitte! Schnellstmöglich!"

„Da können Sie gleich den Zug um 7:10 Uhr nehmen und sind in weniger als zwei Stunden in Bochum." Und jetzt kommt es: „Möchten Sie die komfortablere erste Klasse mit noch mehr Service?"

Eine echte Vorteilsargumentation. Sympathisch! Professionell. Wow! Ja, ich weiß, wer sich auskennt, sagt, dass das noch besser gehe, indem der Nutzen für den Kunden noch stärker hervorgehoben wird: „damit Sie noch entspannter ankommen" oder „ein leckeres Frühstück bequem direkt an Ihrem Platz genießen können ..." usw.

Neben der beeindruckenden Vorteilsargumentation hat der Mann am Schalter auch noch ein Up-Selling gemacht: statt des Standardtickets das hochpreisige 1. Klasse-Ticket. Der Vorteil für die Bahn: mehr Umsatz. Der Vorteil für mich: siehe oben.

„Möchten Sie sichergehen und auch einen Sitzplatz reservieren?" Willkommen im Cross-Selling: ein sich sinnvoll ergänzendes Produkt oder eine Dienstleistung dazu verkaufen. Gut gemacht!

„Geht das denn noch so kurzfristig?" ... mein Kaufsignal!

Ein Verkaufsgespräch in 30 Sekunden! Mit Vorteilsargumentation und Zusatzverkäufen im Up- und Cross-Selling. Und das bei der Deutschen Bahn. Ich bin beeindruckt.

Was ich vermisst habe: Warum hat er mir keine Bahncard angeboten? Ich war in dem Moment weder ungeduldig, noch wartete eine Schlange weiterer Kunden hinter mir. Das hätte durchaus gepasst.

Was können Sie daraus für Ihr Business mitnehmen?

1. Das verkäuferische „Wording" in der Kunden-Vorteilsargumentation.
2. Up-Selling: Bieten Sie eine bessere Qualität, eine größere Menge, eine längere Laufzeit an – zum „Wohle" Ihres Kunden.
3. Cross-Selling: Bieten Sie immer die passenden Zusatzleistungen an: Produkte und Dienstleistungen.
4. Seien Sie noch offensiver bei den Zusatzangeboten, wenn der Kunde nicht von sich aus bremst.

TIPP

Gerade in den Zusatzverkäufen stecken unglaubliche Umsatzpotenziale! Manche Unternehmen leben nur von den Zusatzverkäufen!

Die Lufthansa streicht auf vielen Strecken die First Class - Verkaufspsychologische Desaster!

Dies kann doch nur der Gedanke eines Controllers sein, der aufgrund von Zahlen die Entscheidung trifft: Die Luxusklasse der Lufthansa wird gestrichen! Natürlich können auf diesem Weg kurzfristig Kosten eingespart werden, doch langfristig schießt sich das Unternehmen ein Eigentor.

Wir orientieren uns kaufpsychologisch an Referenzwerten: Stellen Sie sich vor, Sie möchten auf Mallorca ein Ferienhaus kaufen. Ihre

Preisvorstellung liegt bei einer Million Euro. Nun wird Ihnen der Makler drei Objekte an einem Tag zeigen: zuerst eine Villa für drei Millionen Euro. Die gefällt Ihnen, ist aber außerhalb Ihrer Budgetplanung. Dann das renovierungsbedürftige Haus in der zweiten Reihe für 850.000 Euro. Das ist gar nicht Ihr Fall. Kommt nicht in Frage. Zuletzt dann das schicke Haus für 1,25 Millionen Euro. Auch wenn es nicht ganz an die Villa aus dem ersten Besichtigungstermin herankommt, gefällt es Ihnen gut. Und Ihr Budget? Das werden Sie bereitwillig erweitern, weil Sie gesehen haben, was Sie sonst so für Ihr Geld auf Mallorca erhalten. Fazit: Sie orientieren sich an den Referenzwerten der beiden ersten Häuser!

Den gleichen psychologischen Effekt nutzen die Automobilhersteller: Volkswagen hat den Phaeton, Mercedes hatte den Maybach. Alles nur, damit beispielsweise bei der S-Klasse noch nicht das Ende der preislichen Fahnenstange erreicht ist. Das Ergebnis:

TIPP

Auch wenn die Premiumprodukte selbst nicht die Verkaufsrenner sind, so ist es dadurch deutlich leichter, den Durchschnittspreis nach oben zu heben.

Einer meiner Kunden, einer der besten Fitness-Clubs in Deutschland, hatte zwei Mitgliedschaften im Angebot: für 50 Euro und 80 Euro. Die meisten Mitgliedschaften waren im 50 Euro Bereich. Kein Wunder: Es fehlte noch ein Premiumwert darüber. Nachdem eine dritte Variante für 120 Euro angeboten wurde und auch diese zuerst in der Beratung genannt wurde, erhöhte sich der Verkauf der 80 Euro-Mitgliedschaft drastisch!

Wenn die Lufthansa nun die First Class streicht, dann ist die Business Class plötzlich die teuerste Variante und wird die Controller auf der Kundenseite zu Sparmaßnahmen aktivieren und die Business-Kunden dazu anhalten, zukünftig Economy zu fliegen. Die Folge ist eine Senkung des Durchschnittspreises aller Tickets.

Das passiert, wenn die Controller den Vertrieb übernehmen.

Vorbilder: Manuel Neuer, Cristiano Ronaldo und Tom Peters

Die Fußball EM hinterlässt selbst in meiner Familie Spuren: Beim Spiel im Garten heißt mein sechsjähriger Sohn plötzlich nicht mehr Ben, sondern Manuel Neuer. Jede Torwartparade wird von ihm kommentiert, als sei er gerade der Torwart der Nationalmannschaft. Als besondere Anerkennung verstehe ich, dass meine Torschüsse nun auch mit dem Namen Cristiano Ronaldo versehen werden.

Für die Entwicklung von Kindern sind Vorbilder besonders wichtig. Da erzähle ich Eltern nichts Neues.

Mein erstes berufliches Vorbild als Trainer und Speaker war der amerikanische Management-Guru Tom Peters. Natürlich kenne ich alle seine Bücher, alle Videos und seine PowerPoint-Präsentationen, die er sehr freizügig ins Netz stellt. Täglich lese ich von ihm auf Twitter. Seit fast 20 Jahren ist er meine Benchmark.

Er war für mich der Erste, der nicht nur gute Bücher geschrieben hat, sondern diese Bücher auch grafisch so präsentierte, dass es Spaß macht, sie immer wieder in die Hand zu nehmen. Das schönste ist für mich noch immer der 1997 veröffentlichte „Innovationskreis". Aber Peters hat nicht nur geniale Bücher geschrieben, über ihn *wurde* sogar ein Buch geschrieben: 1998 „Das Tom Peters Phänomen – Der Aufstieg eines Managementgurus" von Stuart Crainer. Ein Lesetipp für alle (angehenden) Speaker.

Warum ist gerade er für mich eine besondere Persönlichkeit? Abgesehen von seinen Ideen, Impulsen, seinem Know-how: Er ist unglaublich wissbegierig! Er wünscht sich als Inschrift auf seinem Grabstein: „Er war neugierig bis zuletzt!" Peters liest ein Buch (EIN Buch!!!) pro

Vorbilder haben!

Tag. Wobei er einen unglaublichen Wettbewerbsvorteil hat: Er braucht nur drei bis vier Stunden Schlaf pro Nacht! Mich beeindruckt seine Mischung aus extrem extrovertierten Vorträgen vor großen Menschenmassen und seinem Kontrastprogramm: Er lebt etwa zwei Autostunden vom nächsten großen Flughafen entfernt auf dem Land und schreibt dort zurückgezogen seine Bücher und Artikel.

Das beeindruckt mich. Das ist ein Lebensstil, der mir gefällt. Nun, das mit den wenigen Schlafstunden halte ich nur eine Nacht durch, aber der Rest …

Die Konkurrenz ist doch nicht die Herausforderung! Der Kunde ist es!

Vor ein paar Tagen bin ich mit meinen engsten Mitarbeitern aus Dallas zurückgekehrt. Fünf Tage Weiterbildung auf dem größten Trainerkongress: die ASTD Convention (American Society of Training and Development) mit mehr als 9.000 Teilnehmern aus aller Welt.

Neben vielen interessanten Eindrücken zum Thema „Training" hat mich eine Zahl zum „Verkauf" besonders beeindruckt: 58 Prozent treffen keine Entscheidung!

Einer Studie zufolge, treffen 58 Prozent der Kunden KEINE Kaufentscheidung! Und da denken die meisten Verkäufer, der Wettbewerber wäre die eigentliche Herausforderung, wenn es darum geht, Umsatz zu generieren! Falsch! Wenn der Kunde nicht völlig überzeugt ist, kein zeitlicher „Druck" aufgebaut wird oder die Kaufentscheidung nicht erste Priorität hat, dann trifft der Kunde eben KEINE Kaufentscheidung!

Das Schlechte daran: Sie machen keinen Umsatz! Das Gute daran: Der Wettbewerber auch nicht! Und gleichzeitig bleibt in den meisten Fällen der konkrete Bedarf des Kunden bestehen. Naja, die Hoffnung stirbt zuletzt ...

Das heißt also: Wir alle verlieren Aufträge nicht an bessere Produkte, bessere Dienstleistungen oder bessere Preise. Wir verlieren Aufträge an bessere Verkäufer: an Verkäufer, die nicht nur beraten, sondern den Kunden auch motivieren, eine Kaufentscheidung zu treffen! Jetzt! Oder spätestens beim Nachfassen!

Und was ist jetzt das „Rezept" für „Kunden motivieren, eine Kaufentscheidung zu treffen"? Nun, bei einem Rezept benötigen Sie zuerst einmal die Zutaten. Diese sind: beste Vorbereitung, Termin, Terminbestätigung mit Inhalten, Beziehungsebene schaffen, optimale Bedarfs- und Bedürfnisermittlung, Kaufmotive, Moralischer Vorvertrag, Vorteilsargumentation mit Zeugenumlastung, offene Meinungsfragen, Kaufsignale erkennen, zum richtigen Zeitpunkt abschließen, Absichern mit Kaufbestätigung.

Ok. Die Zutaten passen. Jetzt kommt es noch auf die passende Reihenfolge und die richtige Dosierung an. Doch das sprengt den Rahmen dieses Textes.

Was können Verkäufer vom Paketzusteller lernen? Das Gesetz der Zahl.

Die Paketzusteller der DHL stellen jeden Tag 85 Pakete zu, wie ich in der letzten Woche erfahren habe. Wow! 85 jeden Tag! Egal, wie der Verkehr oder das Wetter mitspielen.

Verkäuferisch steht die Zahl 85 für die „Schlagzahl". Und „Erfolg" setzt sich im Vertrieb aus „Schlagzahl" (Quantität) und „Schlagkraft" (Qualität) zusammen:

$$S \times S = E$$

Setzen wir die Zahl des Paketzustellers doch einmal in Relation zu einem Telefonverkäufer: Meine Telesales-Mitarbeiter im Team telefonieren eine Schlagzahl von 80 Brutto-Calls (Anrufversuche) outbound, wenn sie Geschäftskunden auf Firmenseminare ansprechen.

100 sind es, wenn es um Tickets für unsere Veranstaltungen (Bestseller Forum, Vertriebsoffensive ...) geht. Der Unterschied liegt in der Gesprächsdauer. Auch hier gilt: jeden Tag! Kein Unterschied, ob Montag oder Freitag.

100 machen auch die 75 Telefonverkäufer eines meiner Kunden, die ein Produkt mit einem kurzen Sales Cycle an Geschäftskunden verkaufen.

Bei Call-Center-Agenten, die inbound (also der Kunde ruft an) telefonieren, ist die Zahl deutlich höher: je nach Kundengruppe und Angebot kenne ich Zahlen zwischen 180 und 300.

Im Außendienst variieren die Schlagzahlen sehr! Das ist sehr individuell.

Merken!!

TIPP

S x S = E ist das so genannte „Gesetz der Zahl". Oder anders formuliert: je mehr Kontakte, desto mehr Kontrakte.

Fazit: Abgesehen von Ihren verkäuferischen Fähigkeiten (Schlagkraft), wie hoch ist Ihre Schlagzahl? Wie fleißig sind Sie? Oder Ihr Team?

Können Sie Ihre Schlagzahl nennen? Haben Sie Ihre Schlagzahl schon einmal über eine längere Zeit gemessen? Haben Sie Ihre Schlagzahl schon einmal in Relation zu Ihren Aufträgen (Erfolg) analysiert?

Hm ... vielleicht meinen Sie ja, dass Sie auch so erfolgreich seien. Wenn ja, dann „Herzlichen Glückwunsch"! Doch haben Sie schon einmal darüber nachgedacht, wie erfolgreich Sie erst sein könnten, wenn Sie die Schlagzahl (bei mindestens gleicher Schlagkraft) noch erhöhen würden?

Was meinen Sie? Ein Verkäufer, der am Morgen schon gute Umsätze gemacht hat – sollte der für den Rest des Tages seine Schlagzahl reduzieren? Oder gilt nicht vielmehr die Verkäufer-Weisheit: Wenn es gut geht, dann solltest du mehr machen?

Ich erlebe viele Verkäufer, die mit ihren Ergebnissen zufrieden sind, die sich in ihrer Komfortzone bequem eingerichtet haben und so hinter ihren vertrieblichen Möglichkeiten zurück bleiben.

Mehr dazu auf YouTube

Der „Putzfrauen-Anruf" - Eine Preistaktik

Vor einiger Zeit war ich mit meinem Sohn Ben in einem großen Möbelhaus. Zur Abwechslung einmal Shopping ohne Zeitdruck. Ben testete gerade intensiv die Rutsche eines Kinder-Etagenbettes und signalisierte mir, dass dies noch etwas dauern könnte. So konnte ich ein Beratungsgespräch aus der Ferne beobachten: Eine türkische Großfamilie ließ sich von einem Verkäufer eine Sofaecke präsentieren. Die Kaufentscheidung wurde dann recht schnell getroffen … Jetzt gab es wohl noch ein paar offene Fragen zu klären. Der Verkäufer ging um die Ecke zu seinem etwa fünfzehn Meter entfernten Schreibtisch, für die Kunden nicht sichtbar. Er setze sich und tat nichts. Gar nichts! Das dauerte vielleicht drei oder vier Minuten – also etwa zehn schnelle Rutschtests bei Ben –, bis er wieder aufstand und zu der Kundengruppe zurückging. Ich konnte ja nichts hören, dafür waren alle zu weit entfernt, doch ich wusste genau, was jetzt gerade das Thema war: Der Verkäufer schüttelte den Kopf und machte ein enttäuschtes Gesicht. Willkommen im Preisgespräch!

Auf die Rabattfrage des Kunden reagierte der Verkäufer mit „Muss ich fragen" oder „Ich schaue mal im Computer nach, ob da noch was drin ist". Doch das war nur ein Vorwand. Es ging ihm darum, Zeit zu gewinnen und dem Kunden das Gefühl zu geben, er habe „hart" verhandelt. Alles Taktik!

Als die Kunden schließlich den Kaufvertrag unterschrieben hatten, war auch Ben mit seiner Testreihe fertig.

Wie der Zufall es will, war vor ein paar Tagen der Verkaufsleiter einer Wiener Möbelhaus-Kette in einem meiner Vorträge. Ihm erzählte ich von meinem Erlebnis. Beide hatten wir ein Grinsen im Gesicht. Er verriet mir: „Das ist ein Putzfrauen-Anruf" ;-)

Fazit: Es gibt unzählige Taktiken in einer Verkaufsverhandlung! Sie sollten alle kennen, denn gerade professionelle Einkäufer nutzen diese gern zu ihrem Vorteil. Sorgen Sie für „Waffengleichheit". Kennen Sie beispielsweise den Unterschied zwischen „Ich schaue mal im Computer nach" beziehungsweise „Ich rechne das noch einmal durch, ob da noch was geht …" und „Ich halte kurz Rücksprache" beziehungsweise „Ich muss meinen Chef fragen" (… also dem „Putzfrauen-Anruf")?

Wenn Sie selbst noch einmal „durchrechnen", dann signalisieren Sie Ihrem Kunden, dass Sie auch in Preisfragen der kompetente Ansprechpartner sind. Sie bleiben auf Augenhöhe.

Wählen Sie die Variante „Chef fragen", dann begehen Sie Selbstmord in der Preiskompetenz. Sie signalisieren, dass Sie gut beraten können, jedoch nur bis zur Preisfrage. Jetzt lernt der Kunde: bei Rabatten immer noch mal mit dem Chef sprechen!

TIPP

Selbst wenn … Selbst wenn Sie wirklich mit Ihrem Chef sprechen müssen, dann wählen Sie immer die Formulierung, bei der es den Anschein hat, dass Sie alles selbst entscheiden könnten. Den Anruf muss ja niemand mitbekommen ;-)

Die Diplomarbeit - oder: Vorher schon wissen, wo das Potenzial ist

Ein Unternehmen aus Norddeutschland wollte mit seinen Produkten, elektronisch gesteuerte Schweinefütterungsanlagen, in den osteuropäischen Markt expandieren. Der Osten ist besonders interessant, da es dort sehr große Schweinefarmen gibt. Doch wo soll der Vertrieb jetzt konkret mit der Akquise beginnen? Wo sind dort genau die Potenzialkunden?

Das Unternehmen stellte für ein paar Wochen einige Praktikanten ein, die bei der Entwicklung einer passenden Akquise-Strategie helfen sollten. Studenten, die gebürtig aus den Zielländern kamen und die Sprache perfekt beherrschten. Diese recherchierten zuerst im Internet und bei Behörden, wo die großen Mastbetriebe angesiedelt sind. Dann riefen sie dort an, ermittelten den passenden Ansprechpartner und begannen ein Telefoninterview: Sie seien Studenten, die in Deutschland ihre Diplomarbeit schrieben, und hätten dazu ein paar wenige Fragen: „Wie viele Tiere? Welches Futter? Wie wird gefüttert: fest oder flüssig? Alter der Fütterungsanlage? Geplante Investitionen?" Der Angerufene gab meist bereitwillig Auskunft, weil er sich geschmeichelt fühlte, dass ein Student sich extra die Mühe machte, ihn aus dem fernen Deutschland anzurufen!

Nach ein paar Wochen wusste der Vertrieb genau, welche Kunden sich lohnten und welche Betriebe erst später oder gar nicht kontaktiert werden würden. Eine geniale Strategie!

Anmerkung: Ja, die Praktikanten *waren* Studenten. Was sie studiert haben, ist mir unbekannt. Ob sie eine Diplomarbeit zu diesem oder einem anderen Thema geschrieben haben, bleibt mir bis heute verborgen. Nun: Alles, was Sie sagen, muss wahr sein. Doch nicht alles, was wahr ist, müssen Sie auch sagen!

Mehr dazu auf YouTube

Autorität kommt von Autor! ... und wenn ich nichts zu sagen habe? Dann können Sie ja was zeigen!

Als Buchautor sind Sie in Deutschland schon etwas Besonderes. Und natürlich können Sie mit einem Fachbuch auch hervorragend neue Kunden erreichen! Wissensarbeiter, wie Berater, Trainer und Redner, brauchen zwingend ein Buch, um ihre Expertise zu dokumentieren: Autorität kommt von Autor! Doch was können Sie tun, wenn Sie zu wenig „Wissen“ haben, um daraus ein sinnvolles Fachbuch zu produzieren? Machen Sie doch einen Bildband! Zeigen statt sagen!

Sicher fragen Sie sich jetzt: „Mit einem Bildband? Was soll das jetzt?“

Ein Fallbeispiel: Der Marktführer für Natursteine, wie zum Beispiel Marmor oder Granit für Böden, Bäder und Küchen, hat einen sehr schönen Bildband veröffentlicht: die Reise des Steins vom Steinbruch in Brasilien oder Italien, über das riesige Lager in Deutschland, bis zum Steinmetz und dem Bestimmungspunkt beim Kunden im Gebäude. Alles mit prachtvollen Fotos dokumentiert.

Diese Fotos stammen aus Kundenprojekten der Steinmetze. Das Produkt und die Arbeit der Handwerker werden hier ideal dargestellt.

Der Bildband erfüllt zwei Aufgaben: Der Importeur bindet seine Handwerkskunden so dauerhaft an sein Geschäft und gleichzeitig kann der Steinmetz das Buch im Beratungsgespräch offensiv einsetzen, also dem Kunden schon einmal zeigen, was möglich ist. Und das mit einem besonderen Kompetenzbeweis: dem hochwertigen Bildband, den der Handwerker dem Kunden dann meist als persönliches Geschenk überlässt.

Überzeugen über Zeugen: Kundenevents zur Neukundengewinnung

Die Zielgruppe eines Unternehmens aus einem Vorort von Bochum (Dortmund) sind Hausverwalter, die Messtechnik verkaufen. Jedes Jahr im September veranstaltet die Firma einen spannenden Kundenevent: In einem exklusiven Hotel erleben die geladenen Gäste vormittags interessante Vorträge von externen Referenten zu den angesagtesten Fachthemen. Nach einem ausgedehnten Mittagessen folgen dann die Referate der internen Experten. Ein Tag voller Know-how in einem besonderen Ambiente. Die Teilnehmer sind begeistert und bekommen als Kunden so eine indirekte Kaufbestätigung: Das ist der richtige Partner für mein Business!

Eine gelungene Veranstaltung. Doch wo soll hier die Neukundenakquise sein?

Die meisten Unternehmen nutzen solche Veranstaltungen nur zur Kundenbindung, weil sie auch nur die besten Bestandskunden einladen. Das Dortmunder Unternehmen hat eine andere Strategie: Es werden nur 30 bis 50 Prozent Stammkunden eingeladen. 50 bis 70 Prozent der Gäste sind potenzielle Neukunden, die bisher nicht beim Unternehmen kaufen. Die Sitzordnung bei den Vorträgen am Vormittag ist vorgegeben: Tischkärtchen ergeben ein System aus: Neukunde – Stammkunde – Neukunde – Stammkunde. Beim Mittagessen an großen runden Tischen hat jeder Gast andere Sitznachbarn, doch das System bleibt. Auch am Nachmittag bestimmen neue Tischnachbarn das Bild der Vorträge mit gleicher Systematik. Offiziell wird dieses Vorgehen mit der „Förderung des Kollegenaustauschs" – neudeutsch: Networking – gerechtfertigt. Doch es steckt psychologisch viel mehr dahinter: Im Idealfall hat ein Neukunde am Veranstaltungstag sechs begeisterte Bestandskunden als Sitznachbarn kennengelernt. Worüber haben sich diese unterhalten? Natürlich über das hervorragende Unternehmen und über die exklusive Veranstaltung. Selbstverständlich war der Stammkunde schon ein paar Mal Gast bei diesem Event und lobt das Unternehmen in den höchsten Tönen! Mit welchem Gefühl gehen die „noch nicht kaufenden" Gäste nach Hause?

Die Vertriebsmitarbeiter zum Thema Messtechnik sind natürlich auch dabei. Doch sie dürfen an dem Tag nicht aktiv akquirieren! Die Gäste sollen einen besonders schönen Tag erleben und wenn überhaupt nur aus Eigeninitiative den Verkäufer auf Businessthemen ansprechen.

Zwei bis drei Tage nach der Veranstaltung kommen die Vertriebsmitarbeiter zum Einsatz: Jeder Gast und gleichzeitig potenzielle Neukunde wird telefonisch kontaktiert. Dabei orientieren sich die Verkäufer an einem bestimmten Muster:

1. „Danke, dass Sie da waren!"
2. „Wie hat es Ihnen denn gefallen?"
3. „Was waren für Sie denn die wichtigsten Erkenntnisse aus den Fachvorträgen?"
4. „Dürfen wir Sie im nächsten Jahr wieder einladen?" Diese vier Schritte erzeugen eine Art Dankesschuld beim Gesprächspartner. Der Fachbegriff: Reziprozitätsprinzip. Das alles ist jedoch nur die gezielte Vorbereitung, um nun zum eigentlichen Ziel zu kommen:
5. „Wenn Ihnen die Veranstaltung gut gefallen hat und Sie so schon einen Eindruck von unserem Unternehmen erhalten haben, wie interessant ist es dann für Sie, dass wir uns nun noch einmal zusammensetzen und schauen, welche Vorteile Sie von einer Zusammenarbeit ganz konkret haben?"

Die Terminquote liegt nahe der 100-Prozent-Marke. Der Kunde kann rein moralisch kaum noch ablehnen. Verkaufen muss der Vertriebsmitarbeiter nicht wirklich: Die Überzeugungsarbeit haben die Stammkunden am Veranstaltungstag schon übernommen. Überzeugen über Zeugen!

Eine Variante dieser Methode: Sie haben keine eigene Kundenveranstaltung? Dann beteiligen Sie sich doch an einer anderen Veranstal-

Allgquise

tung: Die regionalen Marketing Clubs bieten einmal im Monat einen Club-Abend an. Meist sind interessante Referenten für einen Vortrag gebucht worden. Dort können Sie gegen eine Gebühr auch ohne Mitgliedschaft teilnehmen und auch noch Gäste mitbringen.

Vor ein paar Jahren lud der Marketing Club in meinem Nachbarort zu einem Vortrag in die Arena auf Schalke ein. Stadionbesichtigung und Marketingvortrag zur Vermarktung der Location. Dazu ein leckeres Catering und genügend Raum für Networking. Spontan habe ich ein paar fußballbegeisterte Kunden dazu eingeladen und diese aufgefordert, gern selbst Freunde oder Geschäftspartner mitzubringen.

Ein Kunde hatte zwei Stunden Anreiseweg auf sich genommen und zwei Businesspartner mitgebracht. Worüber haben die sich wohl auf der Hinfahrt unterhalten? Nun, nach dem Vortrag, bei einem Bier, fragten die Begleiter dann direkt, ob ich auch diese und jene Aufgabenstellung in ihrem Unternehmen begleiten könnte. Kaufsignale! Auch ich musste in dieser Situation nicht aktiv akquirieren. Die verkäuferische Leistung hat mein Kunde auf dem Hinweg schon im Auto erbracht.

Mehr dazu auf YouTube

Mailings und Telefonakquise? Und wenn das nicht passt?

Ein erfahrener Anwalt scheidet aus einem Unternehmen aus und eröffnet seine eigene Kanzlei. Sein Themengebiet: Was Schweizer Unternehmen in der Zusammenarbeit mit deutschen Firmen rechtlich beachten müssen. Und umgekehrt. Sein Vorteil: Er ist sowohl in der Schweiz, als auch in Deutschland als Anwalt bei Gericht zugelassen.

Nun geht es darum, neue Mandanten zu gewinnen. Und er beginnt bei null in der Kundenliste. Die klassischen Akquise-Wege wie Mailings und telefonische Kaltakquise scheiden bei diesem speziellen Thema aus unserer Sicht aus. Also war unsere Empfehlung für den Anwalt in dieser Situation: Huckepack-Marketing.

Er bietet den Süddeutschen Industrie- und Handelskammern ein Tages- bzw. Abendseminar zu seinem Thema an. Hierbei kommt er nah an die Teilnehmer heran und wird meist vom potenziellen Mandanten direkt angesprochen. Denn das Seminar ist recht oberflächlich gehalten. Details sind immer firmenindividuell. Und schon ist er im Akquise-Termin. Der nette Nebeneffekt: Er erhält neben dem Honorar und der Reisekostenerstattung auch noch bis zu sechs Monate Werbemöglichkeiten dadurch, dass er im Seminarkalender der IHK steht.

Ein weiterer Akquise-Kanal sind die Kaminabende vieler Schweizer Treuhänder, die ihren besten Kunden im vierten Quartal eines Jahres etwas Besonderes bieten wollen: Die vermögenden Top-Klienten werden zu einem stilvollen Abendessen eingeladen. Anschließend hält der Anwalt einen humorvollen Vortrag zu seinem Thema. Mit Anekdoten gespickt und nicht länger als eine Dreiviertelstunde. Danach beginnt am Kaminfeuer das Networking auf höchstem Niveau. Auch hier erhält er, neben einer Anzahl von spannenden Visitenkarten, ein Anerkennungshonorar und seine Kostenerstattung.

Eine Fahrgemeinschaft als Akquise-Instrument

In der Landwirtschaft werden die Bauern vom Landhandel und der Industrie immer wieder eingeladen, sich von der Wirkung der Produkte selbst zu überzeugen. Dazu wird beispielsweise der sogenannte „Feldtag" ausgerichtet. Ein Hersteller von Pflanzenschutzmitteln präsentiert die Ergebnisse der Anwendung auf einem Maisfeld. Für das leibliche Wohl der Gäste ist natürlich gesorgt.

Der regional verantwortliche Außendienstmitarbeiter des Landhändlers organisiert für seine Kunden die Fahrgemeinschaften. Die Bauern kennen sich in der Regel alle gut. Die Zusammenstellung der Fahrgemeinschaften erfolgt dann nach dem Muster: Zwei schon kaufende Stammkunden fahren zusammen mit einem potenziellen Neukunden in einem Auto – eine Stunde hin, eine Stunde zurück! Worüber sprechen die Kollegen auf den Fahrten? Wer macht die Überzeugungsarbeit?

Der Verkäufer muss den Auftrag in der Folgewoche dann meistens nur noch abholen – dank des vorangegangenen Huckepack-Marketings!

Das Trojanische Mailing

Der Erfolg eines Mailings wird meist auf gute Adressen oder eine spannende Aufmachung der Papierbotschaft zurückgeführt. Doch es gibt noch andere Wege, die zum Erfolg führen:

Vor einigen Jahren hatte ich den Vorläufer des Bestseller Forums zu vermarkten. Eine Vortragsveranstaltung der besten Referenten im Bereich Vertrieb, Marketing und Verkauf. Die Zielgruppe, die sich für diese Veranstaltung interessiert, sind Verantwortliche in Marketing, Vertrieb und Führung. Diese Menschen sind beispielsweise im Marketing Club organisiert. Also startete ich eine Kooperation mit einem regionalen Marketing Club: Der Club hat seinerzeit die etwa 1.500 Mitglieder noch jeden Monat per Brief zu seinen Veranstaltungen eingeladen. Durch die Übernahme von Porto und Verpackung von meiner Seite, war der Club bereit, den Prospekt des Events dem Club-Brief beizulegen und auch noch auf die Sonderkonditionen für Mitglieder im PS hinzuweisen. Das Ergebnis war eine unglaubliche Responsequote!

In der heutigen Zeit werden Werbebriefe mit unbekanntem Absender meist direkt in das Altpapier geworfen. Dem Marketing Club als

Absender vertraut der Empfänger und öffnet mit Interesse das Schriftstück. Also, fragen Sie sich:

TIPP

Wer genießt das Vertrauen Ihrer Zielgruppe? Wer geht dort ein und aus? Und wer könnte Ihre Werbebotschaft so transportieren?

20 bis 30 Prozent Mehrumsatz bei fast jedem Auftrag? - Klar!

599 Euro wollte ich seinerzeit für mein erstes iPad ausgeben. Daraus wurden dann jedoch über 1.000 Euro. Und das mit einem sehr guten Gefühl! Wie das?

„Ich hätte gern das kleinste und günstigste iPad", erklärte ich dem Verkäufer bei Gravis. – „Was wollen Sie denn damit machen?", fragte er nach (= Bedarfs- und Situationsanalyse – Was braucht und will der Kunde wirklich?). – „Es ist für meine beiden Kinder. Damit diese sich bei längeren Autofahrten nicht langweilen", meinte ich. – „Und wie viele Filme sollen dann auf das Gerät?", war seine Nachfrage. – „20? Etwas Auswahl sollte ja schon da sein."

Und schon waren wir beim Gerät mit dem größten Speicherplatz. Ach ja: und beim teuersten! (= Up-Selling – von einem Produkt eine größere Menge oder eine bessere Qualität verkaufen).

Danach erstand ich noch den Kopfhöreradapter, weil beide Kinder ja gleichzeitig sehen und hören sollten. 16 Euro. Dann noch der Adapter für die Speicherkarte und den USB Stick: 32 Euro. Und die Neoprenhülle für den Schutz des iPads: 29 Euro. Und … und … und … (= Cross-Selling – sich sinnvoll ergänzende Produkte dazu verkaufen).

Nach 15 Minuten war ich mit tollen neuen Produkten und einem Kreditkartenbeleg von über 1.000 Euro wieder aus dem Geschäft raus.

Und mit einem guten Gefühl. Ich hatte die perfekte Produktlösung für meine Einsatzplanung.

Jede Zusatzoption macht für mich Sinn. In den Monaten nach dem Kauf stellte sich heraus, dass der Verkäufer einen perfekten „Job" gemacht hatte. Perfekt für mich als Nutzer. Aber auch perfekt für den Umsatz seines Arbeitgebers.

TIPP

20 bis 30 Prozent Mehrumsatz sind ein Kinderspiel, wenn Sie als Verkäufer wissen, wie es geht!

„Ist das echt?" – Wie Sie maximale Aufmerksamkeit erreichen

Post: Eine Geburtstagskarte von Miles & More. Eine DIN-A5-Karte vollgeschrieben. Geschrieben? In schönster Handschrift und mit blauer Tinte schreibt mir der Absender mit netten Worten, was er mir alles Gutes wünscht.

Das halbe Büro diskutiert mit mir darüber, ob das eine besondere Drucktechnik ist oder ob hier wirklich ein Mensch mit viel Mühe und Sorgfalt fünf Sätze für mich von Hand geschrieben hat.

Weil ich so beeindruckt bin und gleichzeitig auch neugierig, diskutieren wir via Facebook und Co. weiter. Hier gibt es die Empfehlung, mit dem feuchten Daumen zu testen, ob die Tinte echt ist. Und … sie ist echt! Wow!

TIPP

Was immer der Absender mit der Karte erreichen wollte: Mehrere tausend Menschen wissen nun davon! Maximale Aufmerksamkeit!

Und das, obwohl ich der Wirksamkeit von Mailings kritisch gegenüberstehe!

In diesem Zusammenhang habe ich gelernt, dass wir mit der SCHREIBSTATT (www.schreibstatt.de) die Möglichkeit haben, diese außergewöhnliche Aufmerksamkeit auch bei unseren Kunden und Geschäftspartnern zu erzeugen. Bei diesem Anbieter schreiben bereits mehr als fünfzig Schönschreiberinnen täglich bis zu dreitausend Geburtstagskarten, Paketbeileger, Adressen auf Kuverts und alles, was das Herz begehrt. Dabei ist jedes Exemplar ein Original, wird also meiner Buchstabenanalyse mühelos standhalten.

Fazit: Wenn Sie mit Ihrem Mailing in der Masse auffallen wollen, dann muss es schon „positiv ungewöhnlich“ sein!

Wer nicht nachfasst, beleidigt den Kunden!

Donnerstagabend. Essen mit Freunden. Gesprächsthema: Erfahrungen mit Handwerkern. Einer in der Runde hat gerade ein Haus gekauft und berichtet, was er mit Handwerkern so erlebt. Viel Positives. Aber auch Anekdoten aus dem Bereich „Das glaubt dir keiner“! Beispielsweise hat er Angebote für einen 80.000-Euro-Pool eingeholt. Das Spannende daran: Kein Anbieter fragt nach, was er nun tun möchte. Keiner fasst nach! Für die Verkäufer am Tisch ein guter Grund, den Kopf zu schütteln. Für uns ist das völlig unverständlich: Da hat der Handwerker viel Mühe, Zeit und Know-how in das Angebot investiert und nun wartet er darauf, dass sich DER KUNDE bei ihm meldet ...

Hier treffen zwei völlig unterschiedliche Philosophien aufeinander: Der Kunde ist enttäuscht, dass sich der Anbieter nicht mehr meldet, sein Desinteresse zum Ausdruck bringt, ihn indirekt beleidigt, ihm signalisiert: Kauf oder lass es bleiben! Und der Anbieter ist vom Kunden enttäuscht: Jetzt hat er schon so viel in das Aufmaß und die Angebotserstellung investiert und dann meldet sich der Kunde nicht mal bei ihm! Unverschämt!

Hier ist eine Rollenklärung angebracht:

TIPP

Der Verkäufer hat den Kunden zu motivieren, eine Kaufentscheidung zu treffen! Alles andere ist nur Beraten! Und damit wird nur selten Umsatz gemacht!

Der Aufruf an alle, die Angebote verschicken: Fassen Sie nach! Lieber spät, als nie! Fassen Sie nach, bis Sie den Auftrag haben oder der Auftrag wirklich weg ist! Das kann auch bedeuten, dass Sie ein Angebot bis zu zwei Jahre immer wieder nachfassen! Bleiben Sie dran!

Die Männer können diese Situation mit der Sozialakquise vergleichen: Da werden nach dem ersten Kennenlernen die Telefonnummern getauscht und dann ist ER sauer, weil SIE sich nicht meldet?! Finde den Fehler.

Zur Ehrenrettung aller Handwerker konnte ich an dem Abend noch meine Erlebnisse mit Autohändlern zum Besten geben, als ich vor ein paar Jahren – mitten in der Rezession – zwei neue Leasingfahrzeuge aus dem Premiumbereich für meine Mitarbeiter erstehen wollte. Auch hier hat niemand nachgefasst.

Fazit: Es war ein sehr schöner Abend … Und Sie können sich positiv in Erinnerung bringen, wenn Sie Ihre Angebote zukünftig gewissenhaft im Auge behalten!

Mehr dazu auf YouTube

Was ist besser? Messer, Gabel, Löffel oder Neukundenakquise?

Was ist besser? Messer, Gabel oder Löffel? Das kann man so nicht sagen? Wieso? Ach ... das kommt darauf an, was ich essen will? Klar ... Messer und Suppe sind nicht wirklich kompatibel.

Beim Besteck ist es sofort klar: Das Ziel bestimmt das Werkzeug! Doch beim Thema Vertrieb ist das für die Allermeisten nicht so offensichtlich. Da halten sich manche Mythen dauerhaft:

Jedes Quartal verfolge ich interessiert den Xenagos-Sales-Indikator. Bei einer speziellen Abfrage wurde um eine zusätzliche Antwort gebeten: „Wenn Sie sich eine normale Woche oder einen normalen Monat ansehen, wieviel Prozent Ihrer Vertriebsarbeit entfällt auf Neukundengeschäft?"

Unabhängig von dem Ergebnis der Umfrage: Was sollen uns die Antworten sagen? Wollen Sie die Zahlen für sich und Ihr Team als Benchmark nutzen? Einmal schauen, wie viel Energie andere Verkäufer in das Thema Akquise investieren?

Das wird nur in wenigen Ausnahmen passen! Denn: Die Ziele bestimmen das Werkzeug!

TIPP

Auf das Wesentlichste reduziert: Die Unternehmensziele bestimmen die Vertriebsziele. Diese wiederum bestimmen die Maßnahmen und das nötige Werkzeug. Und nicht die Neukundengewinnung, weil andere das machen oder weil es gerade in den Aktionsplan der Vertriebsleitung passt.

Was sind Ihre Ziele? Was ist Ihre Strategie?

Ein Immobilienmakler für Villen auf Mallorca, ein Bauträger mit Reihenhäusern für junge Familien, eine Firma, die Fertighäuser verkauft ... Ja, die werden ihr Wachstum fast ausschließlich über Neukunden realisieren. Hier passt die Vertriebsstrategie Akquise.

Für einen etablierten Großhändler mit mehreren tausend Kontakten in der Kundenliste ist die Akquise meist der falsche Weg. Hier kommt das Wachstum aus der Potenzialausschöpfung der Bestandskunden: Up-Selling und Bestellmengenoptimierung oder Cross-Selling. Selbst wenn die Verkäufer ein Jahr lang keinen einzigen Neukunden akquirieren würden, so wäre trotzdem ein großer Wachstumssprung zu schaffen.

Fazit: Ihre Ziele bestimmen Ihre Maßnahmen – nicht nur im Vertrieb!

„10 + 1 = 10" oder: Warum „mehr wollen" nicht auch automatisch „mehr haben" bedeutet

Vor vielen Jahrhunderten wurde der erste Diamant entdeckt. Man sagte damals, dass darin das Licht lebe. Und natürlich stand ein Diamant für unermesslichen Reichtum! Als im fernen Indien ein wohlhabender Bauer davon hörte, machte er sich auf die Suche nach diesen Diamanten. Er suchte jahrelang und überall auf dieser Welt. Er riskierte all seinen Besitz und verlor auf seiner Suche letztendlich alles, was er besaß. Er starb irgendwo in Europa. Arm und ohne, dass er je einen Diamanten gefunden hatte. Ein paar Jahre später wurden auf dem ehemaligen Grundstück des Bauern Diamanten gefunden. So viele Diamanten, dass die Fundstätte zu einer der größten Diamantenminen der Welt wurde.

Und die Moral von der Geschichte ...

Der Gewinner des Bestseller Awards 2014, das Unternehmen Würth, hat eine ganz bestimmte Formel im Vertrieb: 10 + 1 = 10. Sie fragen sich jetzt vielleicht, wie das Unternehmen so erfolgreich werden konnte, obwohl es nicht rechnen kann?! Doch die Formel steht nicht für eine mathematische Gleichung, sondern dafür, dass „mehr wollen" nicht automatisch auch „mehr haben" bedeutet!

Verkäufer wollen immer ein noch breiteres Sortiment, noch mehr Produktoptionen und -varianten. Verkäufer wollen immer noch mehr Kunden, weitere Zielgruppen und ein größeres Gebiet. Doch hier handelt es sich oft um einen Denkfehler: Stammsortiment (10) plus Neuprodukte (1) sind nicht immer gleich Mehrumsatz (10/11). Gleiches gilt für die Gebietsgröße.

Der limitierende Faktor ist die Zeit: Jeder Verkäufer hat nur 24 Stunden Zeit am Tag. Diese Zeit kann er nicht multiplizieren. Und auch beim Kunden ist sie der limitierende Faktor: Der Kunde hat eine begrenzte Aufmerksamkeitsspanne. Er ist nicht bereit, sich endlose Präsentationen anzuhören.

TIPP

Fazit: Es ist sinnvoller und gewinnbringender, das Maximale aus dem eigenen Gebiet, aus dem bestehenden Sortiment herauszuholen, statt ständig nach „noch mehr" zu streben! Konzentrieren Sie sich auf das, was da ist, und schöpfen Sie Ihre Potenziale aus!

Würth geht sogar noch weiter: Wachsen durch Zellteilung! Hat ein Verkäufer nach etwa drei Jahren ein Gebiet gut aufgebaut, dann teilt das Unternehmen diese Region in drei Teile. Der Verkäufer hat dann die Aufgabe, den bisherigen Umsatz in zwei bis drei Jahren wieder auf das gleiche Niveau zu heben. Witzig finden die Verkäufer diese Vorgehensweise nicht. Doch der Erfolg gibt dem Unternehmen Recht!

Frank hat's drauf! ... Und wie machen Sie Ihre Kunden noch erfolgreicher?

Frank macht meine Versicherungen. Doch das nicht allein: Wir sind befreundet, machen Sport zusammen und tauschen uns bei vielen Geschäftsideen aus. Versicherungs-Vertrieb ist People-Business. Beziehungsverkauf.

Gerade bei Produkten wie Versicherungen oder Finanzdienstleistungen macht die Verkäuferpersönlichkeit die Differenzierung aus. Frank beherrscht das bei mir vorbildlich! Aber auch bei seinen anderen Kunden: Für seine Stamm- und Neukunden organisiert er einen regelmäßigen Business-Stammtisch: Ein Gastredner gibt der Runde ein paar Impulse und dann setzt sich der Austausch beim Abendessen fort. Neudeutsch: Networking.

Was ich natürlich noch interessanter finde: Er lädt Interessenten und Kunden zweimal im Jahr zu meiner „Vertriebsoffensive" nach Bochum ein. Er organisiert die Fahrgemeinschaften, Tickets, Sitzplatzreservierungen, Mittagessen und das Gespräch mit dem Referenten. Er hilft seinen Kunden, noch erfolgreicher in ihrem Business zu werden! Muss ich noch erwähnen, dass er bei seiner Gesellschaft zu den Besten gehört, was die Zahlen angeht?

TIPP

Und was tun Sie, um sich vom Wettbewerb zu differenzieren? Was tun Sie, um Ihre Kunden noch erfolgreicher zu machen?

Klar, die Einladung zum Formel-1-Rennen oder zum Bundesligaspiel ist auch cool, doch es hat keine geschäftliche Nachhaltigkeit! Darüber hinaus sind die Compliance-Richtlinien in den Unternehmen immer strenger: Einer meiner Kunden hat zwei Business-Logen in einem Bundesliga-Stadion. Doch viele Einladungen, dorthin zu kommen, werden dankend abgelehnt! Die Gefahr ist zu groß, dass die Fernsehkameras einmal in diese Richtung zoomen und dass es dann „komische" Situationen in der Folge gibt.

Ach ... noch einmal Frank: Er schenkt seinen Kunden oft auch Fachbücher, die ihn überzeugt haben. Sehr individuell, sehr budgetschonend und doch mit einer starken Wirkung, weil er seinem Kunden signalisiert, dass er an ihn denkt und sich mit seinem Tagesgeschäft beschäftigt hat. Klar, dass ich so etwas auch gut finde!

Fazit: Begeistern Sie Ihre Kunden, suchen Sie den persönlichen Kontakt, bieten Sie Mehrwert! Wer sonst keine Ideen hat, der muss über den Preis differenzieren und verliert Aufträge an bessere Verkäufer!

Mehr dazu auf YouTube

Kunden kaufen keine Produkte, sondern die Geschichte dazu!

Wartezeit beim Hotelfrühstück. Zeit, das Kleingedruckte auf der Teebeutelverpackung zu lesen. Produkt: Earl Grey Tee. Verkaufstechnik: Zeugenumlastung. „Der Hersteller dieses Tees belieferte schon den zweiten Earl Grey“, sagt der sechste Earl Grey als Referenzgeber. Botschaft: Tradition, Erfahrung. Der muss gut sein. Und dann noch die Firmengeschichte in Kurzform. Fazit: Gut gemacht! Jetzt ist es nicht mehr irgendein schwarzer Tee, den ich da trinke, sondern ein Stück britische Tradition. Schmeckt schon ganz anders!

Bei Red Bull ist es ähnlich: Der Firmengründer, Dietrich Mateschitz, berichtete schon vor über zehn Jahren in einem Interview, dass Red Bull in der Anfangszeit in Deutschland nicht verkauft werden durfte. Irgendwelche Inhaltsstoffe waren mit dem Lebensmittelgesetz nicht vereinbar. Rückblickend war das ein Segen für das Produkt: Die Bayern haben es aus Österreich „herübergeschmuggelt“ und damit einen Mythos begründet. Als der Drink dann legalisiert wurde, blieb immer noch das Gefühl, dass es etwas Verbotenes war, etwas Besonderes. Und das war unbezahlbares Marketing. Red Bull ist nicht nur mit großem Abstand Marktführer, sondern hat auch noch seinen eigenen Markt erfunden. Auch dieser Mythos sorgt dafür, dass der Wettbewerb auf Abstand gehalten wird.

Vor 14 Jahren hatte ich mal ein „Montagsauto“ erwischt, mit dem ich viel Ärger hatte. Daher wollte danach ich ein zu hundert Prozent zuverlässiges Auto haben, und Mercedes behauptete seinerzeit, das beste Auto zu bauen: die S-Klasse. Der Händler empfahl mir die Werksabholung. Ich reiste direkt am Morgen an. Premium-Empfang. Lounge. Zweites Frühstück. Im eigenen Kinoraum ein Film über die Mercedes-Historie. Dann die Werksbesichtigung. Ausführliche Präsentation der Fertigung der S-Klasse-Motorhaube. Wahnsinn! Das war Gehirnwäsche pur! Nach mehr als zwei Stunden wartete ich in der Lounge auf mein Fahrzeug: Aus zehn Metern Höhe hatte man den Blick in die Halle, in der die Autos den stolzen Besitzern mit ausführlicher Einweisung übergeben wurden. Alle zwei Minuten öffnete sich ein Tor und ein neuer PKW wurde hinein gefahren. Was für ein Spannungsbogen! Für mich war es durchaus vergleichbar mit der Situation, Vater zu werden!

In Gmund am Tegernsee gibt es eine Papierfabrik. Familienbetrieb in der x-ten Generation. Qualitativ in einer eigenen Liga unterwegs. Hier kommen die Kunden schnell dazu, das Produkt zu vergleichen. Doch womit? Das endet immer in einem „Äpfel-mit-Birnen-Vergleich“. Klar, jetzt sind die Verkäufer gefragt: Eine der stärksten (Verkaufs- und Überzeugungs-)Waffen ist die Betriebsbesichtigung. Diese wird zu einem echten Erlebnis ausgebaut. Wer das als Kunde erlebt hat, der sieht das Produkt und sein Preis-Leistungs-Verhältnis aus einem ganz anderen Blickwinkel!

Fazit: Wir Kunden kaufen kein Produkt! Wir kaufen die Story dahinter!

TIPP

Haben Sie eine solche Geschichte? Zu Ihrem Unternehmen, zu Ihren Produkten und/oder zu einer bestimmten Person in Ihrer Firma? Sie schaffen so eine deutliche Differenzierung zu Ihren Wettbewerbern und verankern Ihre Botschaft viel besser und nachhaltiger im Kopf Ihres Kunden. Also: Verkaufen Sie Ihre Geschichte!

Mehr dazu auf YouTube

„Pass auf! Die ist ein Doppel-D!"

Nein, nicht, was Sie jetzt denken! Keine Dessous! Kopfkino ausschalten! Wenn ich diesen Hinweis von einem Mitarbeiter in meinem Team bekomme, dann weiß ich, dass mich im anstehenden Kundenkontakt eine sehr direkte Gesprächspartnerin erwartet. Eine, die schnell auf den Punkt kommt, die schnelle Antworten und Resultate haben will!

Viele unserer Kunden und Gesprächspartner werden mit einem oder zwei Buchstaben „klassifiziert". D, I, S, G. Jeder Buchstabe steht für einen bevorzugten Verhaltensstil. Dafür, wie sich jemand in der Kommunikation besonders wohlfühlt. Wenn wir das wissen, dann stellen wir uns natürlich gern darauf ein. Die Gespräche laufen dann einfach „runder".

Das hilft im Kundenkontakt, in der Akquise. Doch besonders hilft es in der täglichen Zusammenarbeit im Team. Wir wissen uns gegenseitig besser einzuschätzen. Dadurch läuft auch die Arbeit „runder".

DISG ist ein wissenschaftlich fundiertes und gleichzeitig sehr pragmatisches Instrument, das mir hilft, besser mit anderen Menschen zu kommunizieren. Ich arbeite damit schon seit 1997 sehr erfolgreich.

Nutzen auch Sie die Hinweise des DISG-Modells für noch erfolgreichere Gespräche!

Vertrieb sind wir alle im Unternehmen! – Die SalesBattle

Ich liebe Verkaufen. Mein Team auch! Immer mal wieder machen wir eine SalesBattle: ein Tag, an dem das Tagesgeschäft ruht und alle Mitarbeiter den Telefonhörer glühen lassen, den ganzen Tag nur telefonieren. Keine E-Mails, keine Angebote, keine Service-Calls. Nur Schlagzahl mal Schlagkraft. Nachverkauf bei Stammkunden, Schlummerkunden aktivieren, Angebote nachfassen, Wiedervorlagen abtelefonieren und natürlich telefonische Kaltakquise. Nur Tätigkeiten, die zu Umsatz führen!

Wer macht mit? Alle: vom Chef bis zum Auszubildenden. Mit Strichliste auf dem Whiteboard: Wer hat was verkauft? Und es zählt nur der Tag. Was nachträglich reinkommt, ist schön, zählt aber nicht in den Wettbewerb hinein.

Mein Tipp: Das lohnt sich auch für Sie und Ihr Team! Motivation und Umsatz! Und die klare Botschaft:

TIPP

Vertrieb ist nicht nur eine Abteilung, sondern Vertrieb sind wir alle im Unternehmen!

Als Verkäufer: Verabreden Sie sich doch mit ein paar Kollegen zu solch einem Tag.

Als Chef: Machen Sie einen solchen Tag zum Ritual! Und machen Sie selbst mit! Klar, es wäre schon toll, wenn Sie auch ein paar Resultate an das Whiteboard schreiben könnten. Doch das ist nicht das primäre Ziel dieser Übung. Ihre Mitarbeiter sollen an diesem Tag maximale Erfolge feiern und sehen, dass sie gute Arbeit leisten.

Ach ja: Früher dachte ich, es gebe nur vier „Todfeinde" des Verkäufers: Frühjahr, Sommer, Herbst und Winter! Seit einiger Zeit weiß ich, dass es doch fünf sind: Montag, Dienstag, Mittwoch, Donnerstag und Freitag! ;-) Vergessen Sie die Glaubenssätze rund um das Sommerloch! Vertrieb geht IMMER! Also: Auf geht's!

Und: Dazu passt noch das Ergebnis einer Studie aus den USA, die ich gerade ganz aktuell auf Twitter gefunden habe: Die besten Öffnungsraten haben Werbe-E-Mails bei potenziellen Neukunden am Samstag und Sonntag! Wer hätte das gedacht? Wenn wir das auf das Thema „Vertrieb in den Sommermonaten" übertragen, dann ergeben sich hier ungeahnte Chancen!

Mehr dazu auf YouTube

„Ich war wie du"

Eine interessante Geschichte habe ich von Jung von Matt gelesen, einer der besten Werbeagenturen in Deutschland, die beispielsweise auch die Werbung für Mercedes, Sixt oder Bild macht.

Die Werber hatten die Idee, Bettler zu unterstützen: Sie wollten die handgeschriebenen Bettel-Kartons besser texten. Denn wenn Konzerne für diese Dienstleistung viele Tausend Euro investieren, dann wird der Text aus der Feder eines Profis sicher auch die Umsätze der Bettler steigern.

Jung von Matt kontaktierte das Berliner Obdachlosenmagazin „Stütze" und vereinbarte (was gar nicht so einfach war!) einen Präsentationstermin. Die Reaktionen der Berliner Bettler kamen den Werbern bekannt vor:

- „Nee, ick hab meenen Look jefunden."
- „Ich will nichts an meinem Auftreten verändern. Das könnte meine Stammkunden verprellen."
- „Ich finde die Sprüche lustig, aber bei den Leuten wird das sicher nicht ankommen."
- „Ich will mich nicht direkt entscheiden. Ich muss erst mal mit ein paar Kumpels reden."

Kommen Ihnen diese Aussagen ebenfalls bekannt vor? Klassische Vor- und Einwände, wie sie in vielen Verkaufsgesprächen oder -präsentationen von Kundenseite kommen. Egal, ob die Werber um einen Millionenetat pitchen oder ob es um gratis Bettelschilder geht: Bedenkenträgerei, Angst vor Humor, Angst vor Veränderung und der Glaube an die eigene „Marktforschung". Wer verkauft, erlebt diese „Standardsituationen".

TIPP

Also: Seien Sie auf Ihre „Standardsituationen" in der Vor- und Einwandbehandlung gut vorbereitet! Rhetorische Schlagfertigkeit ist nicht angeboren, sondern antrainiert!

Bei den Bettlern konnten doch noch einige überzeugt werden, die dann Schilder nutzten mit Aufschriften wie: „Bin kein Alkoholiker. Nehme aber Trinkgeld", „Jeder Wurf ein Euro", „Habe auf Telekom-Aktien gesetzt", „Spenden Sie mich hier weg" und „Ich war wie du".

Das Ergebnis: Die Bettler, die mit den neuen Sprüchen in ihrem Markt aktiv waren, konnten Umsatzsteigerungen von 25 bis 30 Prozent verbuchen, wie die Leute von „Stütze" bestätigten.

Schön, wenn der Mut, etwas Neues auszuprobieren, so unmittelbar belohnt wird. Und? Was werden Sie in Ihrer Neukundenakquise „Neues" ausprobieren?

Das „Gewinnen interessanter Kunden von der Konkurrenz“ ...

... ist im Jahr 2012 mit 44 Prozent aller Nennungen die größte Verkaufs-Herausforderung! ... sagen 500 befragte Außendienstverkäufer aus allen Branchen im Rahmen der DVKS-Jahresumfrage.

Wenn Sie eine Innovation vermarkten wollen oder in einen völlig neuen Markt einsteigen, dann akquirieren Sie ganz neue Kunden. Doch das ist die Ausnahme. In der Regel sind die Märkte aufgeteilt und Sie können nur über Verdrängung, also über das Abwerben von Kunden der Konkurrenz erfolgreich sein.

Wettbewerbsakquise bedeutet, dass Sie in der Vorbereitung Ihre Zielgruppe genau identifizieren, dass Sie sich informieren, welcher Wettbewerber diese Zielgruppe aktuell bedient, und sich dann eine Strategie überlegen, wie Sie die Kunden abwerben werden.

Wann ist der beste Zeitpunkt dafür? Zum Beispiel könnten Sie vor einer Branchenmesse die Kunden telefonisch kontaktieren und die Messe als Vorwand nutzen, um ins Gespräch zu kommen.

Welcher Akquise-Kanal passt am besten? Telefonische Ansprache, Mailing, Messe usw.

Wie argumentieren Sie? Preisargumente? Servicevorteile? Oder verunsichern Sie den Kunden erst einmal über die „Geistige Brandstiftung®“?

Die beiden ersten Punkte werden häufig beachtet, doch die eigentliche Argumentation wird fast immer erst dann entwickelt, wenn der Prozess schon läuft. Und dann wird oft nur „aus der Hüfte geschossen“.

TIPP

Dabei sollten Sie auf jeden Fall eine gute Einstiegsformulierung haben und dann natürlich auf die wichtigsten Vor- und Einwände Ihres Gesprächspartners vorbereitet sein.

Sie werden feststellen: Es kommen immer die gleichen Gegenargumente. Somit ist es keine große Herausforderung, sich auf diese Standardantworten vorzubereiten.

Wie sieht es denn nun rechtlich aus? Dürfen Sie das überhaupt?

Das Oberlandesgericht München hat in einem Urteil vom 1. März 2012 bestätigt: Das Abwerben von Kunden ist oft wettbewerbsrechtlich zulässig!

Leitsatz: Das Abwerben von Kunden ist grundsätzlich nur beim Hinzutreten besonderer Umstände unlauter, denn aus wettbewerbsrechtlicher Sicht besteht grundsätzlich kein Anspruch auf Fortbestand des Kundenstamms.

Also … Worauf warten Sie noch?

Bilder im Kopf des Kunden - Zauberwörter für Marketing und Vertrieb

Ich mag salzige Butter. Aber nicht irgendeine, sondern die französische Président Meersalz-Butter. Warum? Weil sie sehr lecker schmeckt und zum anderen, weil mich die Geschichte um das Produkt herum begeistert.

Kennen Sie das, wenn Sie einmal alleine frühstücken und sich dann, mehr aus Langeweile als aus Interesse, die Texte auf den Nahrungsmittelverpackungen durchlesen? So erging es mir bei der Président Butter.

„Président Meersalz-Butter – mit echten Meersalzkörnern.“ Also: Das ist keine gewöhnliche salzige Butter, sondern eine Butter mit Meersalzkörnern! Aha! Und natürlich „echte“ Meersalzkörner! Haben Sie schon einmal „unechte“ Meersalzkörner gesehen?

Aber es kommt noch viel besser! Auf der Rückseite der Verpackung steht: „Président Meersalz-Butter ist die hochwertige französische Butter für Feinschmecker“. Aha! Hochwertig! Französisch! Und dann noch für Feinschmecker! Klingt gut. Klingt nach Premium-Produkt! Und Feinschmecker? Klar, da erkenne ich mich sofort wieder.

Jetzt das „Kleingedruckte“: „Sie wird in einem kleinen Dorf inmitten der Normandie hergestellt.“ Dabei denke ich sofort an Asterix und Obelix aus dem kleinen gallischen Dorf, das sich dem römischen Reich nicht unterwerfen wollte. Schöne Assoziation. Und ein bisschen rebellisch bin ich ja auch. Passt zu mir.

„Durch die Verwendung von echten, handverlesenen Meersalzkörnern …“ Handverlesen? Mein Kopfkino entwickelt Bilder von Kindern, die Salzkörner sortieren müssen. „… und bester Sahne erhält diese Butter ihre geschmeidige Konsistenz …“ Geschmeidige Konsistenz? Wenn ich die aus dem Kühlschrank hole, ist die steinhart! Nix von geschmeidig! „… und ihr außergewöhnliches Aroma“. Mensch, die ist salzig. Einfach nur lecker salzig!

„Ihre besondere Form entstammt den handwerklichen Traditionen der französischen Butterherstellung.“ Nun … ich stelle mir hier eher eine maschinelle Fließbandproduktion vor. Wie soll das denn in der Menge realistisch in das Supermarkt-Kühlregal kommen?

Soweit zum Produkt. Nun noch der Hinweis zur Verpackung: „Frische-Glocke für noch mehr Genuss.“ Hallo?! Das ist ein Plastik-Deckel! Mehr nicht!

Fazit: Vielleicht konnte ich Sie jetzt auch für diese Butter begeistern. Doch geht es mir vielmehr um den Text und die damit verbundene Wirkung. Einmal abgesehen von dem hervorragenden Produkt verdient der Texter eine Auszeichnung. Er hat mit seiner Wortwahl ein Premium-Produkt geschaffen. Er hat viele positive Bilder und Assoziationen in meinen Kopf gezaubert. Besonders geschickt hat er die passenden Adjektive gewählt: „geschmeidig, außergewöhnlich, besondere, handwerklichen“ usw.

Die meisten Verkäufer unterschätzen den gezielten Einsatz von Adjektiven in der Kundenkommunikation. Das „richtige“ Wording ist elementar!

mehr Adjektive nutzen!

TIPP

„Ein guter Verkäufer bestimmt die Bilder im Kopf seines Kunden!“ Also: Nutzen Sie Adjektive als Zauberwörter im Verkauf. Sowohl im persönlichen Gespräch, als auch am Telefon.

Und: Die Butter kostet bei REWE über zwei Euro und ist mit Abstand die teuerste Butter im Sortiment! Das nenne ich erfolgreiches Marketing!

Mehr dazu auf YouTube

Neulich in Kalifornien

In der Straße zum Strand gibt es viele Bars und Restaurants. Doch vor einem Restaurant stehen die Gäste in einer Schlange: Zehn bis zwanzig warten darauf, einen der begehrten Tische zu ergattern. In allen anderen Restaurants sind noch genügend Tische frei. Wo ist denn nun der Unterschied?

Es ist eine Trattoria. Italienische Pasta auf der Speisekarte, eine einfache Ausstattung und Tischdecken aus Papier bestimmen das Bild. Die Kellner sind wie üblich in den USA sehr freundlich, sympathisch und aufmerksam. Die Portionen sind großzügig. Und für einen geringen Aufpreis gibt es sogar riesige Portionen. Wer soll das alles essen? Nun, niemand will das alles aufessen, sondern alle nehmen den Rest mit nach Hause: Doggy Bag.

Ich brauche nicht zu erwähnen, dass das Essen köstlich schmeckt! Das setzte ich bei dieser Warteschlange schon voraus. Doch neben der

Menge und dem Geschmack kommt noch dazu, dass der Gast sich beim Wein selbst bedienen kann. So oft und so viel er will. Der Gast sagt später auch, wie viel Wein er hatte und was er zahlen will. Ein Deal auf Vertrauensbasis.

Dann teilt der Kellner Blätter mit einem italienischen Liedtext aus. Kurz danach singen alle Gäste zusammen mit dem Personal bei voller Lautstärke das Lied. Das habe ich auch noch nicht erlebt. Eine tolle Atmosphäre!

Fazit:

TIPP

Begeistern, statt nur die Erwartungen des Kunden (oder in diesem Fall: des Gastes) zu erfüllen!

Jeder Anbieter, egal welcher Branche er angehört, hat sich in positiver Weise vom Wettbewerb zu differenzieren. In meinem Urlaubsbeispiel waren die Qualität und der Service sehr gut. Das ist beim Wettbewerb ähnlich. Das besondere Erlebnis und die Option bei der Produktmenge machen hier den Unterschied aus.

Was bieten Sie Ihren Kunden, was diese nicht erwarten? Wie unterscheiden Sie sich positiv von Ihrem Wettbewerb?

Wer mit offenen Augen durch die Welt läuft, der findet immer ein paar gute Ideen – auch in anderen Branchen –, wie er sich von den Marktbegleitern abheben kann.

Systemgastronomie und der verstärkte Speichelfluss - Mehr Umsatz mit Cross-Selling

Im Restaurant: Nach dem Hauptgang fragt die Kellnerin nicht einfach nur, ob es noch ein Dessert sein darf, sondern sie kommt mit einem

Produkt zeigen!!!

Tablett an den Tisch, stellt es ab und präsentiert ein Dutzend süßer Köstlichkeiten. Bis sie alle Dessertvarianten beschrieben hat, sind sicher drei Minuten um. Und wer hat nun doch noch verstärkten Speichelfluss? Die Nachverkaufsquote ist unglaublich! Bisher kannte ich das nur aus den HardRock CAFEs: Diese Franchise-Kette betreibt Systemgastronomie wie beispielsweise auch McDonald's. Systemgastronomie heißt: Nichts dem Zufall überlassen!

Was können Sie für Ihren Verkauf daraus lernen?

Erstens: Reden Sie nicht nur darüber, was der Kunde noch kaufen könnte, sondern zeigen Sie es ihm. Sie wissen doch: Ein Bild sagt mehr als tausend Worte! Drei Beispiele für gelungenes Cross-Selling aus dem Vertriebsalltag dazu:

Der Außendienstmitarbeiter, der beim Kundenbesuch scheinbar beiläufig noch eine kleine Flasche seines neuen Chemiereinigers auf den Tisch stellt. Gut sichtbar, doch er erwähnt ihn nicht gezielt im Gespräch. Was passiert? Der Kunde wird neugierig und fragt, was das denn sei. Meist erst zum Ende des Besuchs. Damit ist der Verkäufer im Thema und kann gezielt präsentieren. Das ist Cross-Selling in Reinkultur!

Oder der Bankberater, der beim Kundentermin einen Prospekt auf den Tisch legt. Direkt zu Beginn des Meetings. Wieder ganz beiläufig. Auf dem Flyer klebt ein auffälliges gelbes Post-it mit dem handschriftlich vermerkten Kundennamen darauf. Auch hier wird der Kunde das Objekt der Neugierde von sich aus thematisieren.

Und dann erinnere ich mich noch an meine Zeiten als Handelsvertreter: Oft hatte ich Aktionsware in meinem Kombi und die wollte ich natürlich nicht tagelang mit mir herumfahren. Meine Motivation und mein Fokus waren darauf gerichtet, den Wagen schnellstmöglich wieder zu leeren. Also habe ich gerade diese Produkte gezielt angeboten. Und wenn der Kunde mal mit raus ans Auto kam, dann fragte er wie selbstverständlich nach der Aktionsware.

Zweitens: System heißt, „den Erfolg vom Zufall befreien"!

TIPP

Überlegen Sie in der Vorbereitung auf Ihren Kundenkontakt genau, welche Produkte Ihr Kunde jetzt schon von Ihnen kauft und welche Produkte dazu sinnvoll passen könnten.

Denken Sie an das Beispiel von Amazon.com: „Kunden, die diesen Artikel gekauft haben, kauften auch ..." Es gibt genügend Beispiele für Branchen, die ihren Hauptumsatz mit gezieltem Cross-Selling generieren.

Mehr dazu auf YouTube

„Ich sage Ihnen am Abend vor Ihrem ersten Messetag, ob Ihre Messe erfolgreich wird!"

Wunder gibt es auch im Vertrieb nur sehr selten. Doch ab und an geschehen sie doch ...

In der letzten Woche. Ein Mittelständler aus der Industrie bereitet sich auf seine nächste Fachmesse vor. Ich unterstütze ihn dabei. Messeziel: Neukundengewinnung. Als Zielgruppe sind Architekten und Planer aus dem Bereich Garten- und Landschaftsbau sowie Baustoffhändler identifiziert worden.

„Ich sage Ihnen am Abend vor Ihrem ersten Messetag, ob Ihre Messe erfolgreich wird!"

Mit dieser Aussage werde ich in der Presse häufig zitiert. Inhaltlich bedeutet das, dass Sie ohne fest vereinbarte Besuchstermine mit möglichen Neukunden auf der Messe nur etwa 10 Prozent des möglichen Potenzials erreichen: nämlich nur die Laufkundschaft!

TIPP

Eine Studie des AUMA hat vor Jahren ergeben, dass 90 Prozent der Messezeit eines Fachbesuchers schon von vornherein mit gezielten Besuchen verplant ist. Wer sich also nur auf die Besucheransprache verlässt, der ist meist auch verlassen.

Zurück zu meinem Mittelständler: In der ersten Stufe wird ein Mailing verschickt. 3.200 Messeeinladungen an kalte Kontakte. Die übliche Responsequote liegt unter einem Prozent. Wenn es richtig (richtig!) gut läuft, auch mal bei drei Prozent.

Doch in diesem Fall passiert ein Wunder!

Eine neue Werbeagentur stellt sich vor und verspricht eine Response von über zehn Prozent. Ist das seriös? Mein Kunde vereinbart mit dem Werber eine Mindest-Response von 150 Messeterminen! Der Werber sagt zu, bei weniger Response selbst zum Telefon zu greifen und die Zielkunden anzurufen. So lange, bis die 150 Messetermine vereinbart sind! Ich liebe solche Aussagen: Neukunden mit Garantie! ;-)

Verschickt wurde ein A3-Brief ohne Verstärker, Vierfarbdruck, in einem Umschlag mit einem großen Fenster auf der Rückseite. Einzige echte Besonderheit: eine individualisierte Internetadresse zur Kontaktaufnahme.

Das Ergebnis: Eine Woche vor der Messe hatten mehr als 800 Kunden den aufgedruckten Einladungslink in ihren PC getippt. Davon haben 330 einen Messetermin mit Uhrzeit elektronisch vereinbart. Gleichzeitig haben 280 angegeben, ein aktuell anstehendes Projekt zu haben, für das die Produkte des Mittelständlers interessant seien.

Wow!

Das beeindruckt mich! Es gibt also – bei aller Reizüberflutung – noch echte Innovationen in der Akquise! Kompliment.

Innovation! Messevorbereitung

A3

„Du darfst nicht jedem Ball hinterher rennen …

… Du musst erahnen, wo der Ball hinkommt, und dann schon dort sein." (Franz Beckenbauer)

Am Wochenende war wieder ein Fußballspiel meines Sohnes. Erneut war schnell zu erkennen, was die größte Herausforderung des Trainers mit den sechs- bis siebenjährigen Spielern ist: das Stellungsspiel! Ich habe den Eindruck, dass in den Köpfen der Jungs ein genetischer Code sagt: Ball = hin und schießen! Das bedeutete permanente Rudelbildung auf dem Platz. Wo der Ball war, da waren auch alle (!) Feldspieler. Die Hauptaufgabe der Trainer (beider Mannschaften) bestand darin, die Kinder zurück auf die richtige Position zu dirigieren.

Ein Stellungsspiel gibt es auch im Vertrieb!

TIPP

Im Vertrieb bedeutet das: Im richtigen Moment – beim richtigen Kunden – richtig vorbereitet – mit dem richtigen Angebot sein!

Nur … Wie soll ein Verkäufer erahnen, wo der Ball hinkommt? Der Lösungsansatz: ein passendes und gepflegtes CRM-Programm, dessen Daten der Verkäufer auch richtig interpretiert!

Im richtigen Moment bedeutet: die passenden Wiedervorlagen zu haben und im richtigen Moment beim Kunden aufzuschlagen. Beispielsweise sagte der Kunde in der Vergangenheit, dass er für 2013 Verträge mit Lieferanten geschlossen hätte. Auf die Frage, wann er denn in die Planung für 2014 gehe, bestätigte er den September. Also: Wiedervorlage am 1. September 2013.

Oder Sie berücksichtigen branchenübliche Wiedervorlagetermine: Saisonbeginn oder -ende, Leitmessen, Geschäftsjahre, Gesetzesänderungen, Qualitäts- und Lieferprobleme des Wettbewerbs, Mitarbeiterwechsel in Schlüsselpositionen usw.

In meiner Branche – wenn es also um Verkaufstrainings geht – planen Großunternehmen immer ab September das neue Jahr. Wenn wir erst im November anrufen, werden wir auf das nächste Jahr vertröstet. Selbst schuld.

Beim richtigen Kunden bedeutet: Setzen Sie Prioritäten: A-, B-, C-Kunden. Definieren Sie die entsprechenden Kriterien, die die Kundenkategorien ausmachen. Das ist sehr (!) individuell! Es kann sein, dass Sie dabei den Umsatz, den Deckungsbeitrag, das Potenzial, die Bonität, den Betreuungsaufwand u.v.m. berücksichtigen. Wie gesagt: sehr individuell! Im nächsten Schritt ermitteln Sie die spezifischen Daten der Kunden zu Ihren Kriterien. Nun wissen Sie, in welcher Reihenfolge Sie vorgehen sollten!

Richtig vorbereitet bedeutet: „Ich war gerade in der Nähe" oder „bei dem war ich schon länger nicht", sind keine Gründe, einen Kunden zu kontaktieren. Machen Sie Ihre Hausaufgaben!

1. Rückblick: Was haben Sie in der Vergangenheit mit dem Kunden erreicht?
2. Aktuelle Situation: Was beschäftigt den Kunden oder seine Branche?
3. Zukünftig: Wo wollen Sie mit Ihrem Kunden hin?
4. Stichwort Ziele: Setzen Sie einen Google Alert in der News-Funktion für Ihren Kunden und seine Branche, um rechtzeitig informiert zu sein!

Mit dem richtigen Angebot bedeutet: Ihr Angebot sollten Sie schon vorbereitet haben. Im Idealfall mit Alternativen je nach Situation. Beginnen Sie bei Stammkunden immer erst mit neuen Ideen und Produkten, bevor Sie den Stammbedarf abfragen.

Bitte bedenken Sie: Das Gras wächst nicht schneller, bloß weil man daran zieht! Das heißt, im Vertrieb kommt es nicht nur auf Fleiß an, sondern auch auf eine gewisse Akquise- und Vertriebsintelligenz.

Mehr dazu auf YouTube

Was Sportler wissen und Verkäufer gerne wissen würden!

Nach einem Vortrag kommt ein Teilnehmer zu mir und gibt mir statt seiner Visitenkarte eine Autogrammkarte. Eine Autogrammkarte? Der Mann heißt Pasquale Passarelli. Er hat 1984 bei den Olympischen Spielen eine Goldmedaille gewonnen. Gut, aber heute sieht er ganz anders aus als auf dem Foto. Auch sein Fitnesszustand ist deutlich schlechter. Doch ist er heute ein sehr erfolgreicher Verkäufer! Wir unterhalten uns über seine sportlichen Erfolge und darüber, dass ehemalige Leistungssportler meist die „besseren" Verkäufer sind.

TIPP

Wer schon früh im Sport gelernt hat, sich selbst zu organisieren, zu motivieren und mit Siegen und Niederlagen umzugehen, der hat es als Verkäufer deutlich leichter, da sich vieles aus dem sportlichen Alltag auch im verkäuferischen Alltag widerspiegelt.

Auch in der Trainer- und Speaker-Szene gibt es einige Kollegen, die als Leistungssportler in jungen Jahren sehr erfolgreich waren: Motivations- und Persönlichkeitstrainer Jörg Löhr war mehrfacher Handballnationalspieler, Verkaufstrainer Karsten Brocke war Deutscher Meister im Motocross und Motivationstrainer Christian Bischoff war Basketball-Profi.

Kontakte schaden nur dem, der keine hat!

Eine besonders gern gestellte Frage von Journalisten ist: „Was hat sich im Verkauf/Vertrieb denn in der letzten Zeit geändert?". Und ja, es gibt immer mal wieder ein paar kleinere Dinge, die sich ändern. Wobei es sich dabei meist nicht um grundlegend neue Kommunikationswege handelt. Es sind eher die Feinheiten.

Vor ein paar Jahren haben Joachim Rumohr, der XING-Experte Nr. 1, und ich ein Hörbuch veröffentlicht, in dem es um die Neukundengewinnung via XING geht: „Akquise-Maschine XING".

Seinerzeit hatte ich eine Formulierung für die Direktansprache empfohlen: „Kontakte schaden bekanntlich nur dem, der keine hat!". Wenn Sie heute mit dieser Formulierung aktiv sind, werden Sie vom Gegenüber meist sofort als „Kontaktsammler" identifiziert. Diese Formulierung wird heute viel zu oft verwendet. Bitte streichen!!!

Darüber hinaus waren Eventeinladungen 2009 noch eine „Akquise-Maschine" für Webinare und Seminare. Die Responsequoten lagen oft im zweistelligen Prozentbereich! Heute ist das eine Einbahnstraße: Ich lösche nicht einmal mehr alle Einladungen, weil es zu mühsam ist. Vergessen Sie diesen Kommunikationskanal!

Das sind nur zwei Beispiele für Veränderungen im Umgang mit XING. Außerdem ist es gut zu wissen, dass die XING AG technische Änderungen vorgenommen hat.

Aus diesem Grund haben Joachim Rumohr und ich das Hörbuch und die Multimedia-DVD perfektioniert. Sowohl die Nutzer des „Akquise-Maschine XING"-Hörbuchs als auch diejenigen, die sich mit der Thematik neu beschäftigen möchten, können gezielt mit der neuen Version 2.0 arbeiten.

Mein aktuelles Fazit zum „Akquise-Instrument" XING: Es ist ein Werkzeug, das sich in vielen Bereichen der Neukundengewinnung und des professionellen Vertriebs hervorragend einsetzen lässt. Ein Hammer ist auch ein Werkzeug. Hierbei ist klar, dass der Hammer für das

Einschlagen von Nägeln bestens geeignet ist. Für Schrauben gibt es bekanntlich bessere Werkzeuge. Genauso ist es mit XING. Es gibt einzelne Bereiche im Vertrieb, aus denen XING in meinem Alltag nicht wegzudenken ist. Beispielsweise bei der Vorbereitung auf den ersten Kundenkontakt oder als Informationsquelle für die Empfehlungsfrage. Aber: Es gibt auch Bereiche, in denen andere Werkzeuge weitaus besser geeignet sind.

Unabhängig vom Werkzeug, hat ein Handwerker, der weiß, wie es richtig geht, natürlich immer mehrere Möglichkeiten, sein Werkzeug optimal einzusetzen.

In diesem Sinne wünsche ich Ihnen, dass Sie Ihre Werkzeuge im Vertrieb wirklich gut beherrschen und so Ihr maximales Potenzial heben können.

Wert und Preis

Warum kosten Windanlagen von Enercon bis zu 20 Prozent mehr als die des Wettbewerbs? Und wie ist es möglich, dass Enercon damit in Deutschland einen Marktanteil von 60 Prozent besetzt?

Wie kann Miele so erfolgreich Waschmaschinen verkaufen, obwohl diese etwa 20 Prozent über den Preisen der anderen Anbieter liegen?

Warum war es Gillette seinerzeit möglich, bei der Einführung der Dreifachrasierklinge 50 Prozent mehr zu verlangen?

Vorab: Die Antwort auf diese drei Fragen lautet jedes Mal gleich! Unabhängig davon, ob es um Endkunden- oder Geschäftskundenvertrieb geht. Und „sexy“ sind diese Produkte nun wirklich nicht. Es sind auch keine Statussymbole oder Dinge, die einem Modetrend entsprechen.

Bei Professor Hermann Simon, Chef der Unternehmensberatung Simon-Kucher & Partners, habe ich eine interessante Beobachtung machen dürfen: Er hat sich mit dem lateinischen Wort „Pretium“ beschäftigt. Das Wort bedeutet „Preis“: Also die Summe Geld, die schon die alten Römer für eine Dienstleistung oder eine Ware haben wollten.

Soweit, so gut. Doch „Pretium“ bedeutet auch „Wert“. Das ist spannend: Schon die alten Römer wussten, dass zu einem entsprechenden Preis auch ein entsprechender Wert gehört.

Pretium = Preis = Wert

Der Preis wird in der Regel vom Anbieter festgelegt. Ok. Der Wert wird dann wiederum vom Kunden festgelegt: Der individuelle Nutzen für den Kunden. Und damit sind wir bei Marketing und Verkauf: Die Hauptaufgabe dieser beiden Bereiche liegt in der Kommunikation der Leistung, des Werts für den Kunden. Denn nur die kommunizierte Leistung, der vermittelte Wert für den Kunden, zählt. Sie können das beste Produkt bieten. Doch wenn Sie nicht in der Lage sind, den (Mehr-)Wert für Ihren Kunden an diesen zu kommunizieren, dann werden Sie nie hohe Preise erzielen!

Enercon beispielsweise bietet bei seinen Windanlagen den Kunden wirtschaftliche Vorteile durch Mehrerträge bei einer deutlich höheren Verfügbarkeit. Und Miele Waschmaschinen halten einfach viel länger als alle anderen Anbietermodelle.

Daraus lernen wir, dass wir uns immer zuerst mit dem Wert unseres Angebots auseinander setzen müssen, bevor wir in die Preisfindung gehen.

Wert schaffen über Innovationen, Qualität, Wirtschaftlichkeit, Design, Service, Systemintegration. Wert kommunizieren über eine entsprechende Positionierung, Markenpolitik, Verpackung, Präsentation, Markenumfeld, Werbung, Argumentation. Vor allem aber durch Verkäufer, die hinter ihrem Angebot stehen, davon begeistert sind und gelernt haben, die Leistung zu kommunizieren.

TIPP

Es gibt keine zu hohen Preise, sondern nur Angebote mit zu wenig Leistung. Oder Verkäufer, die nicht in der Lage sind, diese Leistung ihrem Kunden richtig zu vermitteln!

Zuerst überlegen was es Wert ist für den Kunden

In diesem Sinne: Preis = kommunizierter Wert!

Mehr dazu auf YouTube

Ist der Kaltbesuch noch zeitgemäß? Oder: Warum meine Tante besser vorher angerufen hätte

Montagvormittag kamen vier Bewerber in unser Büro, die sich auf die Stelle eines Verkaufstrainers beworben hatten. Jeder sollte sich selbst und ein Verkaufsthema in Vortragsform präsentieren. Trainer-Casting im Stundentakt. Nach der zweiten Präsentation sagte mir meine Assistentin, dass meine Tante gerade da gewesen sei. Sie komme um 13:00 Uhr noch einmal.

Meine Tante ist Rentnerin und kam aus Köln. Unangemeldet! Und nun hing sie drei Stunden in der Warteschleife. Oder besser: Shoppen in der Bochumer Innenstadt. Ich hatte keine Ahnung, was ihr Anliegen war. Wollte sie nur einmal „Hallo" sagen? Nun, ich hatte ein schlechtes Gewissen, dass ich sie warten ließ.

Tatsächlich wollte sie mich nur einmal im Büro besuchen. Sie hatte Glück – bei meiner geringen Anwesenheit dort!

Spannend, denn das hatte sie bisher noch nie gemacht. Nun wollte ich auch höflich sein und lud sie zum Mittagessen ein. Ein schönes Treffen, doch entspannt ist anders. Ich war an diesem Tag komplett durchgetaktet mit Terminen und Aufgaben. Ich war nicht richtig hier und nicht richtig dort. Nach einer Stunde war ich zurück im Tagesgeschäft. Diese Stunde fehlte mir an dem Tag.

Hätte sie vorher etwas gesagt, dann hätte ich sie einplanen können. Alles wäre halb so wild gewesen.

Ich denke, die bisher gelesene Information ist für Sie nicht sehr spannend. Doch übertragen Sie diese Situation einmal auf das Thema „Kaltbesuche zur Neukundenakquise oder bei Bestandskunden". Ist diese Methode noch zeitgemäß?

Warum machen Vertriebler noch unangemeldet Kaltbesuche?

1. Weil der Chef Besuchsvorgaben gemacht hat. Jeden Tag muss eine gewisse Anzahl an Besuchen geleistet werden. Erfolg nach dem Prinzip: „Viel hilft viel!" Was ist die Folge? Es werden Kunden ohne Termin besucht, nur um das geforderte Pensum zu erfüllen. Das bringt zwar keine Ergebnisse, beruhigt aber das Gewissen, den Chef und die Statistik. Dabei drängt sich die Frage auf: Wofür werden Sie bezahlt? Für Besuche oder Aufträge? Für die Absicht oder die Wirkung?
2. Weil der Verkäufer so seinen Tag flexibler nutzen kann. Er kann kurzfristig entscheiden, was er macht, wen er besucht. Und natürlich braucht er sich auf diese Weise nicht gewissenhaft auf den Besuch vorzubereiten!
3. Weil der Außendienstler die Telefonakquise einfach nicht beherrscht! Es gilt das Prinzip: Wer im persönlichen Gespräch, also beim Besuch, als Verkäufer stark ist, der ist noch längst nicht stark am Telefon! Wer aber am Telefon stark ist, der ist meist auch im persönlichen Kontakt stark! Und genau aus diesem Grund, weil viele Vertriebler Angst haben, am Telefon abgewiesen zu werden, werden keine Termine vorab telefonisch vereinbart.

Was spricht für Kundenbesuche mit vorheriger telefonischer Terminvereinbarung?

Aus der Sicht des Verkäufers:

1. Die Trefferquote ist drastisch höher, da der Kunde zum vereinbarten Termin da ist und er sich Zeit für das Gespräch nimmt!
2. Wartezeiten beim Kunden werden deutlich reduziert! Sie gewinnen Zeit!

3. Die Wertschätzung gegenüber dem Verkäufer ist deutlich höher! Sie werden erwartet!
4. Die Auftragsquote ist viel höher, weil der Kunde vorbereitet ist und so kurzfristiger entscheiden kann: Besuch mit Termin = Auftrag!
5. Der durchschnittliche Auftragswert ist deutlich höher, weil Sie die Bedarfslage und die Situation des Kunden vorab via Internet und CRM besser einschätzen können: Up- und Cross-Selling gelingen jetzt viel besser!

Aus der Sicht des Kunden (oder aus meiner Sicht, als meine Tante zu Besuch kam):

1. Auch der Kunde kann seine Zeit planen!
2. Der Kunde kann sich auf den Besuch einstellen und vorbereiten. Damit ist die Gesprächsqualität deutlich besser und er kann schneller über Projekte und Aufträge entscheiden!
3. Die Wertschätzung gegenüber dem Kunden ist höher! Mit Formulierungen wie, „Ich war gerade in der Nähe, da habe ich gedacht, ich schaue mal bei Ihnen rein…“, sagen Sie dem Kunden indirekt, dass Sie sich für ihn nicht extra auf den Weg machen!

TIPP

Fazit: Weniger in besserer Qualität ist hier mehr! Mehr Wert! Und das unterscheidet einen Profi von einem Amateur!

Wollen Sie Ihre Erfolgsquote noch einmal deutlich steigern, dann nutzen Sie auch diese beiden praxisbewährten Umsetzungstipps:

1. Vereinbaren Sie nicht nur den Termin telefonisch, sondern vereinbaren Sie auch die notwendige Zeit: „Damit Sie sich einen ersten konkreten Überblick verschaffen können, benötigen wir nur 45 Minuten. Inwieweit passt das bei Ihnen, Herr Kunde?“ Klären Sie das Zeitbudget dann auch noch einmal zu Beginn des Besuchs: „Herr

Kunde, wir hatten ja am Telefon vereinbart, dass wir bis 16:00 Uhr fertig sind. Ist das noch Ihr aktueller Planungsstand?" Jetzt erhöhen Sie Ihre Erfolgschance noch einmal deutlich, indem Sie im Terminvereinbarungsgespräch auch noch die drei wichtigsten Gesprächsthemen erwähnen, die Bestandteil des Meetings sind. Jetzt weiß der Kunde, was auf ihn zukommt, und kann sich darauf vorbereiten.

2. Bestätigen Sie den Termin nach dem Telefonat schriftlich: Je nach Zielgruppe per Brief (Endkunde/Privatkunde), per E-Mail (die technikorientierten Geschäftskunden) oder per Fax (hat die höchste Aufmerksamkeitswirkung bei den Geschäftskunden, die es noch als Papierfax erhalten). Inhaltlich bestätigen Sie Zeit, Ort, Dauer, Teilnehmer und die drei Hauptthemen des Treffens. Optional können Sie Ihren Kunden auch bitten, bestimmte Unterlagen oder Informationen (z.B. Lagerbestände, Bedarfe) zum Meeting mitzubringen, damit Sie schneller zu einer Entscheidung kommen können. Es hat sich ebenfalls bewährt, bei Neukundenbesuchen Links zum Unternehmen, zu Ihrer Person und zu Ihrem Angebot zu schicken. Die meisten Kunden möchten gern vorab wissen, wer kommt. Gerade mit dieser Terminbestätigung in schriftlicher Form heben Sie sich deutlich von Ihrem Wettbewerb ab und geben Ihrem Kunden das Gefühl, dass Sie ein Profi sind!

Wer im Vertrieb tätig ist, lebt nicht von Kundenbesuchen, sondern von Aufträgen!

Und ich kann mich auf den nächsten Besuch meiner Tante wirklich freuen ... und vorbereiten ;-)

Akquise-Termin vereinbart: Und was jetzt?

Herzlichen Glückwunsch: Sie haben einen Ersttermin mit einem potenziellen Neukunden gemacht! Damit haben Sie die schwierigste Hürde schon einmal genommen (Ich weiß, das ist subjektiv. Doch die meisten Verkäufer sehen die größte Herausforderung darin, überhaupt einen Termin mit einem Zielkunden zu vereinbaren!). Und was kommt jetzt?

1. Natürlich bestätigen Sie den Termin per E-Mail (ohne Outlook-Termin!), per Fax oder im Endkundengeschäft per Brief (ohne „Beileger"): Dankeschön, Tag, Uhrzeit, Themen, Zeitbedarf, Website zur Vorinformation, Teilnehmer, notwendige Unterlagen …
2. Finden Sie Ihren Ansprechpartner bei XING, beziehungsweise im internationalen Business bei LinkedIn. Schicken Sie ihm direkt eine nette individuelle Kontaktanfrage zur Verlinkung: 1. Wertschätzung: Ihr Ansprechpartner sieht, dass Sie sich für ihn interessieren und sich gut vorbereiten. 2. Wenn er bestätigt, bekommen Sie Zugriff auf weitere Informationen auf seinem Profil. Das Wichtigste dabei ist aus meiner Sicht: seine Kontakte! Ich kann sehen, wen er kennt und wen ich davon kenne (Gemeinsamkeiten machen sympathisch). Zusätzlich schaue ich, wen ich gern noch kennenlernen möchte (Empfehlungsmarketing!). Oft sehe ich dann auch, mit welchen Wettbewerbern er zu tun hat, und kann mich so noch besser vorbereiten.
3. Sie finden das zu offensiv? Sie würden eine Kontaktanfrage erst nach dem persönlichen Kennenlernen verschicken? Nun, Ihr Kontakt kann die Bestätigung Ihrer Anfrage ja auch erst später bestätigen oder eben auch ablehnen.
4. Welche Interessen hat Ihr Zielkunde? Auch das steht bei XING und LinkedIn in seinen Profilinformationen. Auch seine Gruppenzugehörigkeiten in den beiden Netzwerken geben Auskunft über seine Themen und Interessen. Als netten Nebeneffekt finden Sie hier oft weitere interessante Neukundenkontakte („Menschen bewegen sich immer in gleichen Kreisen").
5. „Geschäfte werden zwischen Menschen gemacht!" Also nutzen Sie auch die „Softfacts" für interessanten Small Talk im Kennenlerntermin.

6. Twitter, Facebook und Google+ sind im deutschsprachigen Markt meist unwichtig. Bei den Amerikanern ist das natürlich anders!
7. Alle Informationen im CRM-Programm zu speichern ist selbstverständlich.
8. Liegen mehrere Wochen zwischen der Terminvereinbarung und dem eigentlichen Treffen, dann sollten Sie noch einen Vorwand finden, um die Person kurz vorher noch einmal zu kontaktieren und den Termin abzusichern.

Für die Mutigen: Ein amerikanischer Kollege nimmt den Kontakt direkt in seinen Newsletterverteiler, schickt ihm noch sein aktuelles E-Book und sendet dann noch ein kurzes Handyvideo, mit dem er seine Begeisterung für das Treffen zum Ausdruck bringt ;-)

Sie machen das ja nicht, um Ihren Freundeskreis zu erweitern - Sie wollen Geschäfte machen ...

Ja, natürlich! Ich lese die Kommentare zu meinen Auftritten im Web. Sicher … das interessiert mich! Vor ein paar Wochen war dann da dieser Kommentar zu einem YouTube-Clip: „Der Schlusssatz hat mir ausnehmend gut gefallen: Sie machen das ja nicht, um Ihren Freundeskreis zu erweitern – Sie wollen Geschäfte machen! Sehr simpel, sehr wichtig, absolut treffend! Das fehlt vielen Menschen – leider auch vielen Verkäufern. Wenn man Ziele erreichen will, dann kann man nicht immer ‚Everybodys Darling' sein."

Und so kommen wir zum Thema: Vertrieb und die Erweiterung Ihres Freundeskreises.

Wenn Sie auf der Kundenseite mit größeren Unternehmen zu tun haben, treffen Sie auch immer wieder auf Entscheider, die nicht mit Ihnen arbeiten wollen. Das gehört dazu. Die genannten Gründe sind dabei sehr vielfältig: Aussagen wie „Ich habe nur noch zwei Jahre bis zur Rente. Das können Sie mit meinem Nachfolger klären." Oder:

„Wir strukturieren gerade um.“ Auch schön: „Das läuft alles über den Zentraleinkauf.“ Kreativ: „Sie sind als Lieferant nicht gelistet … Ihre Artikel sind nicht gelistet.“ Und so weiter. Ja, wir Verkäufer wissen, dass diese Begründungen meist Vorwände sind, Schutzbehauptungen … Er will einfach nicht! Zu viel Arbeit, Komfortzone verlassen, keine Lust, persönliche Bindungen zum aktuellen Lieferanten oder auch „indirekte Verdienstmöglichkeiten“.

Was tun? Zuerst empfehle ich Ihnen, alle Möglichkeiten der direkten Kommunikation mit Ihrem Ansprechpartner zu nutzen. Alle Möglichkeiten unter Berücksichtigung der Beziehungsebene (Nutzenargumentation, Wirtschaftlichkeitsberechnung, Geistige Brandstiftung®…). Doch wenn das nicht reicht, können Sie diesen Entscheider auch übergehen. Ja, ich weiß, das findet der nicht gut. Doch was haben Sie zu verlieren? Keinen Auftrag haben Sie schon! Es kann nur besser werden!

Sie meinen, dass das nicht so einfach ist? Der Entscheider wird sich das merken und Ihnen das heimzahlen? Ja, kann sein. Und?

Ich habe schon viele Verkäufer erlebt, die hinter ihren Möglichkeiten zurück bleiben, weil sie lieber nett und sympathisch sein wollen, als erfolgsorientiert! Wenn Sie Ihren Freundeskreis erweitern wollen, dann gibt es andere Möglichkeiten! Vertrieb bedeutet maximale Ergebnisorientierung!

Ja, natürlich: Geschäfte werden zwischen Menschen gemacht! Und ja: Kaufentscheidungen werden emotional getroffen, um sie später rational zu rechtfertigen. Alles richtig. Doch ich habe da noch einen Erfahrungswert aus meinen Anfängen als Verkäufer im Hinterkopf: „Dirk, wir setzen dieses Jahr mal aus …“ Das heißt, der Kunde wollte bei mir in diesem Jahr keine frühzeitige Bestellung platzieren. Kunden-Umsatz-Totalausfall.

Wann sind Sie als Verkäufer eher bereit, Zugeständnisse zu machen: Wenn Sie den Kunden mögen oder wenn er Ihnen unsympathisch ist? Natürlich … wenn Sie ihn mögen! Wenn er Ihr „Freund“

ist, dann tun Sie alles für ihn. Selbst in Ihrem Unternehmen werden Sie zum Anwalt Ihres Kunden. Sie vertreten öfter seine Interessen, als die Ihres Arbeitgebers! Achtung: Das ist menschlich – aber nicht professionell!

Sind Sie emotional weiter von Ihrem Kunden entfernt, dann treffen Sie als Verkäufer Entscheidungen, die sich meist deutlich besser auf Ihren Umsatz auswirken. Darüber lohnt es sich einmal nachzudenken.

Also … Handlungsempfehlung, wenn der Entscheider und/oder Einkäufer nicht will: Wie wäre es mit rechts überholen? Gehen Sie zu seinem Vorgesetzten, zum obersten Boss, zu einem Beiratsmitglied, platzieren Sie einen internen Verbesserungsvorschlag mit Ihrem Angebot und vieles mehr! Im Business-to-Business gibt es unglaublich viele Varianten, die Sie spielen können!

Spielen Sie über Bande: Lassen Sie Ihren Chef mit dem Chef Ihres Kunden sprechen. Wenn Airbus eine Flugzeugflotte verkaufen will, dann reden auch zuerst die Staatspräsidenten miteinander oder zumindest die Wirtschaftsminister. Die Details klärt dann später Airbus selbst.

Kreative Guerilla-Methoden sind dann das Aktivieren der Fachpresse – „Automobilhersteller XY verschwendet jährlich Millionen, weil der Einkauf die Prozesskosten nicht berücksichtigt" – oder die gemieteten Plakatflächen rund um die Firmenzentrale, auf denen steht, dass alle in der Branche mit Ihrer Lösung arbeiten, nur Ihr Zielkunde nicht, weil der Einkauf „kein Interesse" hat.

Ihr Angebot als „internen Verbesserungsvorschlag" prüfen zu lassen ist eine der elegantesten Varianten, den Blockierer zu umgehen. Und manchmal führt auch die dritte Variante der Geistigen Brandstiftung® zum Erfolg: Ein Einschreiben an den Entscheider, in dem auf die Konsequenzen hingewiesen wird, wenn er Ihr Angebot ablehnt! Einer meiner Kunden hat damit nachträglich einen Großauftrag bei einem Flughafenprojekt platzieren können!

Vertrieb ist manchmal sehr kreativ! Akzeptieren Sie kein „Nein". Denken Sie an das Motto eines Joghurtherstellers: „Irgendwann kriegen wir Euch alle!" ;-)

PS.: Eine Tochtergesellschaft der Lufthansa hat mich einmal gebucht, um mit mir zusammen zwei Tage lang ein entscheidendes Meeting mit einem Key Account zu trainieren. Zwei Tage Strategie, Taktik und Kommunikation, um einen großen Deal zu closen. Das war intensiv! Und hat sich für das Unternehmen ausgezahlt!

Piloten kaufen keinen Hubschrauber! Oder wer ist Ihre Zielgruppe?

Eine doppelseitige Anzeige in einem Magazin für Menschen mit viel – ganz viel – Geld:

„Die Bell 429 ist einer der modernsten leichten zweimotorigen Helikopter am Markt. Sie ist ein herausragendes Luftfahrzeug mit einer umfangreichen Ausstattung, die den Ansprüchen von VIP-Kunden aus ganz Mitteleuropa in jeder Hinsicht gerecht wird …

… Der Helikopter bietet eine Reihe besonderer Merkmale, beispielsweise sein voll integriertes Glascockpit, sein modernes Antriebssystem und seine branchenweit führende WAAS-Navigation und IFR-Fähigkeit für ein oder zwei Piloten. Das Cockpit ist mit dem Bell BasiX-Pro™ Avionics-System ausgestattet, das speziell für die Anforderungen von zweimotorigen Helikoptern entwickelt wurde und für IFR, Kategorie A und Kompatibilität mit JAR-OPS 3 optimiert wurde. Das System profitiert außerdem von modernster Display-, Computer- und digitaler Datenbustechnologie …

… Top-Performance unter allen Bedingungen, etwa in den großen Höhen und heißen Klimata Chinas.

… Mit einer Reichweite von über 300 Seemeilen und einer Geschwindigkeit von bis zu 155 Knoten ist die Bell 429 derzeit in 17 Ländern für ein erweitertes Ladungsgewicht von 3.400 kg zertifiziert, auch in China. Der Helikopter ist optimal mit einem einziehbaren Räderfahrzeug (BEL 429WLG) erhältlich …"

Nur einmal angenommen, Sie möchten fünf bis sechs Millionen Euro in einen Hubschrauber investieren … würde Sie diese Beschreibung motivieren, das Modell Bell 429 zu kaufen? Nun… doch eher nicht. Warum nicht? Und was können wir aus diesem Anzeigentext lernen?

1. Wer ist die Zielgruppe, die mit dieser Anzeige in diesem Magazin angesprochen werden soll? Hubschrauberpiloten? Nein! Es sind reiche Menschen, die maximal mobil sein wollen. Können diese Menschen etwas mit den genannten Merkmalen und Produkteigenschaften anfangen? Nein!
   - Das ist kein Fachmagazin für Piloten, die sich mit der Technik auskennen! Entweder ist es das falsche Magazin oder die falsche Zielgruppe, die hier angesprochen werden soll.
   - Wer denn nun? Mitteleuropäer, deutschsprachig? Oder doch Chinesen?
2. Kein Kunde kauft ein Merkmal, eine Produkteigenschaft! Wir alle kaufen nur unseren Vorteil! Wer ein Auto mit Allrad kauft, der kauft „sicher nach Hause kommen"! Wer bei mir ein Seminar kauft, der kauft „neue Kunden, mehr Umsatz, Vertriebserfolg"! Was ist also dann das Kaufmotiv eines Heli-Kunden?

Mein Fazit: Zwei Anzeigenseiten = Geldverschwendung!

Beantworten Sie für sich folgende Fragen, bevor Sie in Vertriebsaktivitäten und Marketing investieren: Wer ist meine Zielgruppe? Wo erreiche ich meine Zielgruppe? Was sind die Kaufmotive meiner Zielgruppe? Welche Merkmale – und die daraus resultierenden Vorteile für den Kunden – „bedienen" diese Kaufmotive am besten? Wie können Sie diese Vorteile im Idealfall kommunizieren?

… dann werden Sie Ihre Marketing- und Vertriebsbudgets auch sinnvoll einsetzen und entsprechende Erfolge erzielen!

Sind Sie „firmenwagenberechtigt“? Oder verkaufen Sie schon?

„Ein Buch habe ich schon lange nicht mehr gelesen, da kann ich mich an keins erinnern.“ Das war die Antwort auf meine Frage: „Welche Bücher zum Thema Verkauf, Vertrieb, Marketing haben Sie in der letzten Zeit gelesen?“ Normalerweise würde ich bei der Nennung von ein, zwei Titeln auch noch nachfragen, was die wichtigsten Erkenntnisse waren, aber so weit kam es ja gar nicht erst.

Vielleicht haben Sie es schon bemerkt: Ich suche wieder Trainer für mein Team – Junior-Trainer! Ohne Fachausbildung, aber mit Vertriebserfahrung. Die Ausbildung gibt es bei mir. Doch so eine Ausbildung kostet mich enorm viel Zeit, Energie und Geld. Ich überlege mir genau, in welchen Menschen ich hier investiere. Und die oben genannte Antwort förderte meine Investitionsbereitschaft nicht gerade …

Ja, viele möchten gerne die Anerkennung genießen, die dieser Beruf mit sich bringt, wenn der Referent „es“ kann. Anderen Menschen etwas beibringen und anschließend Applaus kassieren, das ist für viele erstrebenswert. Eine Rednerkollegin erwähnte in einer Nebenbemerkung: „Naja, irgendwie sind wir in unserem Berufsstand doch alle in der Kindheit mit zu wenig Aufmerksamkeit versorgt worden. Und die wollen wir uns heute in unserem Job holen.“ Okay … ein Gedanke, über den ich gerne einmal nachdenke. Aber im ersten Moment sage ich: Für mich gilt das nicht. Doch es gilt für viele Bewerber auf die von mir ausgeschriebene Position.

„Welche Trainerpersönlichkeiten haben Sie denn bislang kennengelernt, die Ihnen nachhaltig in Erinnerung geblieben sind?“ Der Bewerber ist Autoverkäufer, seit vielen, vielen Jahren. Die Trainer, die er kennengelernt hat, sind die, die ihm seine Verkaufsorganisation bzw. sein Hersteller gratis zur Verfügung gestellt hat. Er hat nicht einmal ein Seminar oder einen Vortrag aus seiner eigenen Tasche bezahlt. Er hat keinerlei Eigeninitiative entwickelt. Er kennt nicht mal die Vordenker in der Verkaufsbranche von irgendwelchen YouTube-Clips.

„Welche Fragen haben Sie denn noch an mich?“ „Ja, wie ist das denn mit dem Firmenwagen? Den gibt es ja erst nach einem Jahr. Also ich bin bei uns im Unternehmen ja schon seit vielen Jahren firmenwagenberechtigt und kann mir die Fahrzeuge selber aussuchen. Welche Möglichkeit bieten Sie mir in dieser Hinsicht?“ Meine Antwort, ganz kurz: „Keine“. Wer seine Standards bewahren will, kommt nicht weiter. Wer bei mir arbeiten will, bekommt ganz viel, aber ich werde in keinster Weise seinen Status quo unterstützen. Ich musste in meinem Leben sehr häufig lernen, dass ich immer mal wieder einen Schritt zurückgehen muss, um anschließend zwei Schritte nach vorne zu kommen. Das ist meine persönliche Philosophie. Das war aber definitiv nicht seine.

Die nächste Frage drehte sich dann um Geld und er berichtete mir, dass er nach den vielen Jahren als Autoverkäufer ganz andere Summen verdiene, als er am Anfang bei mir verdienen würde. Er fragte, welche Möglichkeiten ich da für ihn sehen würde. Auch hier eine kurze Antwort: „Keine, außer Vollgas geben, viel lernen, fleißig sein, als Verkäufer richtig gut werden und über Provisionen viel Geld verdienen“. Auch hier: Vielleicht wird es ein oder zwei Jahre geben, in denen er weniger verdient als heute, aber danach wird es deutlich mehr sein, als er bisher je verdient hat. Doch dieser Bewerber ist in einer derartigen Komfortzone, dass es für mich keinen Sinn macht, in ihn zu investieren.

Warum schreibe ich Ihnen das? Was können Sie daraus lernen?

1. Weiterbildung ist eine Holschuld! Um weiter zu kommen, müssen Sie schon sehr hinter sich her sein. Nur mit dem, was Ihnen Ihr Arbeitgeber gratis an Weiterbildung anbietet, kommen Sie nicht weit. Garantiert!
2. Leaders are Readers! Lesen Sie, beschäftigen Sie sich mit Ihren beruflichen Themen, denn Sie leben schließlich davon.
3. Kennen Sie Ihren Markt! Wer ist noch in Ihrem Markt? Wer sind Ihre Wettbewerber, Ihre Marktbegleiter, Ihre Konkurrenten? Mit welchen Themen beschäftigen sich diese? Welche Angebote unter-

breiten diese ihren Kunden? Seien Sie vorbereitet, Ihre Wettbewerber sind es.

4. Seien Sie immer bereit, etwas zu riskieren für das, was Sie werden könnten! Nur so, werden Sie sich weiterentwickeln. Allein den Status quo zu halten, wird nicht reichen.
5. Sollten Sie gerade an Ihrer Karriere feilen und eine andere Tätigkeit suchen, so seien Sie gut vorbereitet und haben Sie die richtigen Antworten auf die Fragen Ihres zukünftigen Arbeitsgebers. Überlegen Sie sich auch genau, was Ihre Fragen bei Ihrem Gesprächspartner auslösen.

Jedes Bewerbungsgespräch ist ein reinrassiges Verkaufsgespräch! Der Bewerber verkauft dem Arbeitgeber seine Dienstleistung, so wie der Arbeitgeber dem Bewerber einen passenden Arbeitsplatz verkauft. Das ganze Leben ist Verkaufen!

Früher dachte ich, das sei Hardselling. Das geht gar nicht. Heute finde ich es normal.

Bei allem Respekt: Ich finde, dass das Thema Körpersprache überbewertet wird. Ja, es hat einen hohen Unterhaltungswert, wenn meine Rednerkollegen darüber auf der Bühne referieren … und ja, die wichtigsten Grundlagen sollte natürlich jeder Verkäufer kennen!

... und dann durfte ich DEN Experten zu diesem Thema vor ein paar Jahren auf der Bühne erleben und war wirklich enttäuscht. Die „sich selbst erfüllende Prophezeiung“. Haken dran.

Letzten Samstag habe ich dem Referenten von damals und dem Thema eine zweite Chance gegeben: Samy Molcho auf der Bühne des Motivationstages ... Er war sensationell! Bei keinem anderen Referenten des Tages habe ich so viel Content mitgenommen. Vier Seiten Mitschrift ... und nur ein Satz zum Thema Körpersprache! Selbst die Nebensätze waren inhaltsstark! Wow!

Nun ... vielleicht hatte Samy Molcho bei seinem Vortrag vor ein paar Jahren einen schlechten Tag erwischt ... vielleicht hat er sich aber auch weiterentwickelt? Oder ICH habe mich weiterentwickelt. Vielleicht hatte ich damals noch keine „Antennen“ für ihn und sein Thema?

Vor 15 Jahren habe ich ein Buch über Verkaufstechniken gelesen, bei dem ich seitenweise Textpassagen durchgestrichen habe. Formulierungen, die einfach nicht in einen wertschätzenden Kundenkontakt gehören! „Das geht gar nicht!“, habe ich seinerzeit gedacht. Wenn ich das Buch heute wieder zur Hand nehme, finde ich die Texte sogar richtig gut. Früher dachte ich, das sei Hardselling, heute finde ich es normal: eine direkte, zielführende Gesprächsführung mit hoher Verbindlichkeit.

Lassen Sie einen Gedanken erst einmal zu, bevor Sie ihn ablehnen! Überdenken Sie neue Verkaufstaktiken, -formulierungen und -techniken. Probieren Sie es aus: In Ihrer Familie, bei Ihren Freunden, den Kollegen und bei neuen Kunden (mit wenig Potenzial) … Hier kann nicht viel schiefgehen. Und wenn dann die Reaktion kommt: „Wie bist du denn drauf…?“, dann wissen Sie, dass es noch nicht „rund“ ist. Dann gilt es weiter zu üben. Schwache Verkäufer probieren Neues einmal und lassen es bei einem Misserfolg sofort wieder sein – fallen in ihr altbewährtes Schema zurück und entwickeln sich nicht weiter. Wollen Sie das für sich?

Was ist das Gegenteil von Erfolg? – Misserfolg ist es nicht! Misserfolg gehört zum Erfolg dazu! Er ist einfach ein Entwicklungsschritt.

Das Gegenteil ist: nichts tun!

PS.: Samy Molcho ist Jahrgang 1936 und entwickelt sich auch heute noch stetig weiter! Wie viele Menschen kennen Sie, die mit 78 Jahren beruflich noch so erfolgreich sind? Meine Hochachtung!

Kleine Anekdote: Bei einem Abendessen durfte ich ihn näher kennenlernen: Wenn er nicht das Thema Körpersprache besetzen würde, dann wäre „Sozialakquise“ eine geeignete Alternative. Ich finde, Samy Molcho flirtet immer, wenn Frauen in seiner Nähe sind ;-)

Kapitel 3:

Führung

Die größte Mannschaft, die ich je selbst geführt habe, waren 14 Mitarbeiter in meinem eigenen Team. Doch in unzähligen Projekten durfte ich erleben, wie Verkäufer außergewöhnlich gut oder außergewöhnlich schlecht geführt wurden und welchen Einfluss gute Führung auf die Menschen, Kunden und Umsätze hat. Viel Spaß wünsche ich Ihnen bei den folgenden Beispielen rund um das Thema „Führung im Vertrieb"!

Wir pitchen manchmal! Sie auch?

„Papa, was ist ‚Erfahrung'?"

„... das ist, wenn ..."

Motocross. Sonntagmorgen. Natürlich will ich immer einer der Ersten sein, der auf die Strecke fährt. Dann habe ich mehr Platz und die Oberfläche ist noch ganz frisch.

10:00 Uhr. Los geht's.

Weil es in den letzten Tagen immer nur geregnet hat, ist der Kurs eine glitschige Rutschbahn. Keine Sekunde richtiges Fahren. Meine Unterarme verkrampfen. Dafür viel Platz auf der Strecke.

Nach drei Runden: Boxenstopp. Das Fahrerlager ist voll. Doch kaum jemand fährt auf die Strecke raus. Hmm ...!?

Nach einer Stunde ist die Strecke „trockengefahren"! Jetzt macht es auch wieder mehr Spaß!

Und ich habe wieder etwas gelernt: Der frühe Vogel ... ähm ... der frühe Fahrer – fährt im Matsch!

„... das nennt man dann ‚Erfahrung'!"

Und was können Sie daraus für Ihren Vertrieb lernen? Erfahrung!

Also: Wir pitchen manchmal. Sie auch?

Bei einem Pitch lässt der Auftraggeber mehrere Anbieter unmittelbar gegeneinander antreten: Bei gleicher Aufgabenstellung präsentieren die Anbieter ihre Lösungsansätze. Der Kunde kann so die Leistungen optimal vergleichen. Gerade bei Architekten und Werbeagenturen ist diese Art der „Wettkampf"-Präsentation beliebt und fast schon Standard in der Branche (http://de.wikipedia.org/wiki/Agenturpitch).

Wie können Sie Ihre Auftragschancen in dieser besonderen Verkaufssituation optimieren?

Wir wollen immer die Letzten sein, die präsentieren. Wir tun alles, um den Abschluss aller Anbieter im Pitch zu bilden. Manchmal gehen wir gar nicht hin, wenn wir nicht den Schluss bilden. Warum? Der Kunde lernt mit jeder Präsentation. Er kann immer kritischer vergleichen und hinterfragen. Wenn wir an die Reihe kommen, dann weiß er genau, worauf er achten muss.

TIPP

Jetzt können wir alle seine Fragen erschöpfend beantworten und gleichzeitig neue Ideen, Argumente und Fragen („Geistige Brandstiftung®") bei ihm platzieren und uns so profilieren. Darüber hinaus bleibt der Letzte am stärksten in der Erinnerung haften. Präsenz im Kundenkopf!

Noch wichtiger ist mir eine verbindliche Aussage des Kunden nach unserer Präsentation. Beim Letzten hat der Kunde wenig Chancen auf den Vorwand: „Wir können uns noch nicht entscheiden. Wir müssen erst alle Anbieter sehen." Der Letzte kann meist viel stärker in die Verbindlichkeit gehen: Oft wissen wir zum Schluss, wo wir stehen.

Also: Der frühe Vogel … ähm … der erste Verkäufer wird es schwer haben, den Auftrag in einem Pitch zu holen!

Schlechte Verlierer

„Ich habe mich entschieden, niemals aufzugeben", sagt Alex Ferguson, der als Fußballtrainer eine Legende ist.

Diese innere Haltung wollte er natürlich auch bei seinen Spielern sehen. Deshalb rekrutierte er Spieler für sein Team, die er als „schlechte Verlierer" ansah, und verlangte von ihnen, extrem hart zu arbeiten. Über die Jahre wurde diese Einstellung ansteckend: Die Profis selbst nahmen es nicht mehr hin, wenn ein Mitspieler nicht alles gab. Das galt auch für die größten Stars in der Mannschaft.

Fünf Anmerkungen dazu:

1. In der Januarausgabe 2014 des Harvard Business Manager finden Sie einen spannenden Bericht zur „Ferguson-Formel": Acht Lehren,

die sich auf das Management übertragen lassen. Absoluter Lesetipp für Führungskräfte und Fußballinteressierte.

2.

TIPP

„Die Grenzen des Sportlers sind die Grenzen im Kopf seines Trainers!"

Diese Aussage stammt von Markus Schnitzler, einem erfolgreichen Sportpsychologen aus Österreich. Das passt gut zu der oben beschriebenen Szene: Ferguson überträgt seine innere Haltung auf seine Spieler. Der Trainer ist mit seiner Einstellung oftmals der limitierende Faktor. Das gilt auch für die Führung im Vertrieb!

3. Finden Sie Verkäufer, die „nicht verlieren können"! Verkaufen kann geschult werden. Die eigene Einstellung zu verändern ist deutlich schwieriger! Wenn Sie einen „Farmer"-Vertrieb haben, der sich auf Stammkunden konzentriert, dann ist die richtige Einstellung wichtig. Wenn Sie einen auf Neugeschäft ausgerichteten „Hunter"-Vertrieb haben, dann ist sie die Grundvoraussetzung für überdurchschnittlichen Vertriebserfolg!
4. Prof. Dr. Jörg Knoblauch sagt, dass A-Mitarbeiter ein A-Umfeld wollen, C-Mitarbeiter ein C-Umfeld. Ein A-Mitarbeiter in einem C-Umfeld wird schnell wieder gehen, und umgekehrt. Ich sage, das gilt auch für Hunter und Farmer: Ein Hunter möchte ein „jagdfreundliches" Umfeld. In einer Farmerorganisation wird er niemals glücklich. Auch hier finden Sie die Parallele zur „Ferguson-Formel".
5. Als Führungskraft im Vertrieb sind Sie dafür verantwortlich, die richtigen Spieler/Verkäufer auszusuchen/zu rekrutieren und ein passendes Umfeld zu schaffen, um maximale Erfolge zu ermöglichen! SIE SIND VERANTWORTLICH! NIEMAND SONST!

Ach ja: Noch zwei Sportler, die nicht verlieren konnten:

Boris Becker wurde gefördert, da er dem Scout bei der Jugendsichtung aufgefallen war. Nicht, weil er stärker oder besser war, sondern aufgrund seiner Einstellung!

Oliver Kahn. Ok, hier muss ich niemandem erklären, was ich meine. Wer ihn als Torwart in einem Spiel, bei dem seine Mannschaft im Rückstand war, jemals erlebt hat, weiß, worauf ich hinaus möchte. Buchtipp: „Ich. Erfolg kommt von innen."

„Ich suche keine neuen Verkäufer!" ... und die Erde ist eine Scheibe!

„Sie werden nicht nur für das bezahlt, was Sie tun, sondern auch für das, was Sie nicht tun!" ... und das gilt besonders für Führungskräfte im Vertrieb!

Sie suchen keine neuen Verkäufer? Ihr Team ist komplett? Sind Sie sich da sicher?

Zwei Gedanken dazu:

Gedanke Nummer 1: Sie haben eine Grundfluktuation in einem Vertriebsteam: Schwangerschaft, Elternzeit, Krankheit, Burnout, Kündigungen, Ruhestand.

Als Führungskraft ist es also Ihre Aufgabe, dauerhaft für Ersatz zu sorgen. Sie wissen, welche Unruhe im Markt entsteht, wenn ein Gebiet nicht besetzt ist! Auf diese Gelegenheit wartet Ihr Wettbewerb doch nur!

Vom Grundsatz her können wir hier einiges von den Fußballvereinen der Bundesliga lernen: Hier reist die Mannschaft auch nicht mit exakt elf Spielern an. Ein paar Ersatzspieler sind immer dabei. Und der Kader einer Mannschaft umfasst meist mehr als das Doppelte der jeweils auf dem Platz Stehenden!

TIPP

Wie viele „Ersatzspieler“ haben Sie für Ihr Vertriebsteam?

Oder meinen Sie, dass die Lücke, die ein ausgefallener „Spieler“ reißt, schnell zu schließen ist? Wie lange dauert Ihr Einstellungs- und Onboarding-Prozess?

1. Anforderungsprofil erstellen
2. Anzeige texten und online stellen
3. Bewerbungen sammeln (Vier Wochen? Acht Wochen?)
4. Vorstellungsgespräche, Tests, Probearbeiten (Vier oder doch acht Wochen?)
5. Arbeitsvertrag
6. Kündigungsfrist des Bewerbers beachten (Vier Wochen oder doch drei Monate zum Quartal?)
7. Einarbeitung (Wie systematisiert ist dieser Prozess in Ihrem Unternehmen? Sechs Monate oder doch ein Jahr, bis der Verkäufer die „Flughöhe“ erreicht hat?)

… und was passiert, wenn der Kandidat abspringt? Oder Sie sich geirrt haben und nun einen neuen Bewerber an den Start bringen müssen?

Nun … nehmen wir nur einmal an, dass diese Punkte für SIE nicht relevant sind.

Dann bleibt noch Gedanke Nummer 2: Bei einer Mannschaft von zehn Verkäufern haben Sie immer zwei oder drei, die nicht die Leistung bringen, die Sie erwarten. Wenn es nicht am „Können“ liegt, sondern am „Wollen“, dann sollten Sie sie austauschen! Doch wenn Sie keine personellen Alternativen haben, können Sie das nicht tun. Sie sitzen es aus. Sie hoffen, dass der Verkäufer doch noch eine Eingebung hat und seine Leistung sich verbessert. Ja … die Hoffnung stirbt zuletzt!

„Sie werden nicht nur für das bezahlt, was Sie tun, sondern auch für das, was Sie nicht tun!“

Mein Tipp: Agieren statt reagieren! Bauen Sie Ihre Ersatzspieler langfristig auf! Haben Sie immer ein paar Spieler auf der Ersatzbank! Haben Sie immer eine Handlungsalternative! Machen Sie sich nie abhängig! Bieten Sie dem Wettbewerb nie eine Lücke! Erkennen Sie Recruiting als eine Ihrer Kernaufgaben und machen Sie diese zu einer Ihrer Kernkompetenzen!

Nicht teamfähig? Sind Einzelgänger die besseren Verkäufer?

„Es hat mich immer wieder erstaunt, wie andere Verkäufer in dem Autohaus, in dem ich arbeitete, allmorgendlich in kleinen Diskussionsrunden herumzustehen pflegten. Aus naheliegenden Gründen will ich dies mal als ‚Infozirkel? bezeichnen. Ich war ein Einzelgänger und hielt mich abseits.

Wenn ich zur Arbeit erschien, hielt ich es für sinnlos, meine Zeit durch ein Schwätzchen mit ihnen zu vergeuden. Schließlich wollten sie ja kein Auto von mir kaufen! Davon abgesehen, stand ich morgens nicht auf, um zu tratschen. Ich hatte keine Zeit, mir irgendwelche von ihren Witzen anzuhören, und ich verbrachte meine Mittagspause nicht mit den anderen Kollegen.

Mein Job war es, Autos zu verkaufen, und ich hatte keine Lust, den ganzen Tag andere Verkäufer meckern zu hören."

Diese Worte stammen vom besten Autoverkäufer auf diesem Planeten: Joe Girard. Er war 15 Jahre hintereinander als bester Verkäufer im Guinness Buch der Rekorde. Er verkaufte in dieser Zeit 13.000 Autos, im Schnitt sechs pro Tag. Jeden Tag!

In einer Rezension bei Amazon las ich, dass man von ihm nichts lernen könne, denn schließlich war er als Verkäufer ein Einzelgänger. Aha.

Ist das wirklich so? Arbeiten Verkäufer im Team erfolgreicher? Das kommt auf die Aufgabe an! Ein Key Account Manager, der komplexe

Lösungen an den Mann bringt, kann nur im Team Erfolg haben. Richtig: Je länger der Sales Cycle ist, je komplexer die Lösung, je umfangreicher der After-Sales-Service, je höher der Beratungsaufwand und umfangreicher das Buying Center auf der Kundenseite, desto eher ist ein Team auf der Verkäuferseite nötig. Doch das ist nur im B2B-Geschäft der Fall und auch nicht ganz so häufig. Die meisten Verkaufsabschlüsse sind doch viel einfacher strukturiert. Gerade im Endkunden-/Consumer-Geschäft.

Daraus ergibt sich: Abgesehen von den oben genannten Ausnahmen wird das Thema Teamfähigkeit bei Top-Verkäufern weit überschätzt!

TIPP

Nur, weil es gerade „modern" ist, gehört Teamfähigkeit noch längst nicht in jede Stellenanzeige für Vertriebler!

Fazit:

1. Je nach Aufgabenstellung sollten Sie als Führungskraft auch nach Einzelgängern Ausschau halten!
2. Fokussieren Sie sich als Verkäufer auf das, wofür Sie bezahlt werden: Abschlüsse, Umsatz, Erfolg. Optimieren Sie Ihre verkaufsaktive Zeit. Konzentrieren Sie sich auf Ihre „Einkommen-produzierenden-Tätigkeiten". Sozialhygiene ist wichtig, doch nur begrenzt. Ihre Kunden zahlen Ihr Gehalt, Ihre Provisionen und nicht die Kollegen. Lassen Sie sich nicht durch negativen Flurfunk demotivieren. Verfolgen Sie Ihre Ziele!

Wir wollten, dass unsere Verkäufer jung, naiv, hungrig und dumm waren

Es sind die Verkäufer, die das Rad der Wirtschaft weltweit in Schwung halten. Nichts passiert auf diesem Planeten, wenn nicht irgendjemand irgendeinem etwas verkauft. Und trotzdem hat der Verkäuferberuf in unserem Kulturkreis kein gutes Image.

Wenn nun ein mutiger Mann in Hollywood bereit ist, über Verkäufer einen Film zu produzieren und in die Kinos zu bringen, dann muss dieser Film etwas Besonderes sein!

Persönlich genieße ich Filme wie „Risiko", „Wall Street" oder „The Wolf of Wall Street". Wie ist das bei Ihnen?

Wenn es Ihnen ähnlich geht, dann werden Ihnen die folgenden Zitate von Jordan Belfort, dem Protagonisten aus „The Wolf of Wall Street" gefallen. Viel Spaß damit …

Belfort zum Thema „Die besten Verkäufer finden": „Bei Stratton machen wir mit unseren Bewerbern den Spiegeltest – das heißt, wir befestigen einen Spiegel unter der Nase des Bewerbers und warteten darauf, dass er beschlug. Wenn er beschlug, stellten wir den Bewerber ein, wenn nicht, bedeutete es, dass der Bewerber tot war, und das war der einzige Grund, warum wir jemanden nicht einstellten …"

Belfort zum Thema „Bewerber-Qualifikation": „Wir wollten, dass unsere Broker jung, naiv, hungrig und dumm waren. […] Geben Sie mir so jemanden und ich werde ihn problemlos reich machen. Aber geben Sie mir jemanden mit Intelligenz und Fantasie – nun ja, das ist dann etwas schwieriger."

Belfort zum Thema „Einstellung – innere Haltung": „Es gab keine Verkaufsgebiete, keine Werbeprospekte, keine Bestandskunden, keinerlei Gehalt; es war alles auf reiner Provisionsbasis. ‚Wir sind Kaltakquise-Maschinen', flötete er, […]. ‚Deshalb verdienen wir so viel Geld.'„

„Eines kann ich Ihnen ganz sicher über den Pinguin sagen: dass er ein hartnäckiger Blödmann ist. Er watschelte von Tür zu Tür, klopfte und klopfte, bis seine Knöchel bluteten, während er schon mit den Tränen kämpfte. Aber er kam im Durchschnitt auf eine Tagesprovision von 300 Dollar, das war schon ein paar Tränen wert."

Belfort zum Thema „Zielgruppe“: „[…], da nur jeder auf den Preis zu schielen schien, dachte ich mir: Warum versuchen wir nicht, an reiche Leute zu verkaufen?“

Belfort zu „Was ist Verkaufen?“: „Ich hatte vorher zwar schon ein Eis am Strand verhökert, aber das war kein echtes Verkaufen gewesen; es war mehr darum gegangen, hart zu arbeiten und Erfolg zu haben.“

Wie wichtig ist Motivation? „Wissen Sie, die Motivation ist tatsächlich entscheidend. Ohne sie verkümmert das Vertriebspersonal und ist schneller am Ende, als man denkt.“

Wird man zum Verkäufer geboren? „[...] Also fing ich an, die Verkäufer zu schulen, und ich merkte, dass ich ein Händchen dafür hatte. Genau genommen machte ich meine Sache so gut, dass ich praktisch jeden Kerl von der Straße holen und einen Fleischverkäufer aus ihm machen konnte.“

Telefonakquise: „Meine Aufgabe war es, telefonisch Kundenkontakte anzuleiern, und das ist das Allerletzte an der Wall Street. Ich wählte nur den ganzen Tag Telefonnummern und versuchte, an den Sekretärinnen von wohlhabenden Geschäftsleuten vorbeizukommen. Es war eine harte Prüfung, bei der ich meinen Stolz hinunterschlucken musste – aber mir blieb nichts anderes übrig, als gute Miene zum bösen Spiel zu machen. Das Einzige, was mich bei der Stange hielt, war meine Hoffnung auf eine bessere Zukunft.“

Machen Wiedervorlagen und Rückrufe Sinn? „Du arbeitest mit Logik und Vernunft und massivem Druck. […] Wir – arbeiten – nicht – mit – Rückrufen! Du hast also nur eine Chance bei diesen Leuten. Also halte dich genau an das Skript.“

Einzelkämpfer oder Team? „Als Pizarro in die Neue Welt kam, verbrannte er als Erstes seine Scheißschiffe, damit seine Mannschaft keine andere Wahl hatte, als sich eine Existenz in der Neuen Welt aufzubauen. Und ich will, dass ihr genau dasselbe tut. Ich will, dass ihr euch alle Fluchtwege abschneidet! […] Daher kommt unsere Kraft: Sie beruht auf Gemeinschaft, auf einer gemeinsamen Anstrengung, auf der vereinten Energie der Leute in diesem Raum, der motiviertesten Leute, die die Wall Street jemals gesehen hat. Das ist ein Raum voller Gewinner!"

Nun ... Was denken Sie ... Glauben Sie auch, dass es Einstellungen und Prinzipien gibt, die die Verkäufer vor 20 Jahren erfolgreich gemacht haben – und die auch heute noch gelten? Ich denke schon.

9/11, der erste Schultag, der erste Arbeitstag

Wissen Sie noch, wo Sie am 11. September 2001 waren? Erinnern Sie sich noch an Ihren ersten Schultag? ... und wie war Ihr erster Arbeitstag bei Ihrem aktuellen Arbeitgeber?

Manche Tage brennen sich förmlich in das Gedächtnis! Egal, ob positiv oder negativ.

Meine erste Woche im Außendienst werde ich nie vergessen. August 1990. Einen Tag durfte ich einen erfahrenen Kollegen bei seinen Kundenbesuchen begleiten. Dann stand der Opel Kadett Kombi vor der Tür, ich erhielt eine Kunden-/Umsatzliste, die Musterkollektion und ein motivierendes „viel Erfolg". Mein Reisegebiet waren die Postleitzahlen 1 & 2: Berlin und Norddeutschland. Strukturiert, wie ich bin, habe ich mir den äußersten Westen meines Gebietes ausgesucht: Eine Woche Oldenburg, Wilhelmshaven, Aurich, Emden, Leer ... Gewissenhaft habe ich JEDEN Kunden auf meiner Liste besucht (besucht!!!). Das Ergebnis: Bis Freitagabend hatte ich keinen einzigen Auftrag geschrieben. Selbstzweifel! Frustration!

Das ist nicht nur ein Tag, der sich in meinen Kopf eingebrannt hat, sondern eine ganze Woche! Was hätte ich darum gegeben, das zu wissen und zu können, was ich heute über diese Aufgabe weiß!

Viele Verkäufer im Außendienst teilen diese Erlebnisse mit mir. Im Mittelstand ist das eher die Regel, als die Ausnahme! Wussten Sie, dass 80 Prozent derer, die in der Probezeit kündigen, diese Entscheidung schon am ersten Arbeitstag treffen!? Oder dass 39 Prozent das Unternehmen in den ersten 90 Tagen wieder verlassen (Studie von Harvey Nash)!?

Nun … bei mir war es die große Liebe. Für neun Jahre. Allerdings war es nicht die „Liebe auf den ersten Blick“. Der Beginn hätte deutlich leichter sein können.

Wenn Sie Führungskraft im Vertrieb sind, dann lohnt es sich, über dieses Thema nachzudenken: Wie viel Geld, Zeit und Frustration lassen sich durch einen optimalen Einarbeitungsprozess, neudeutsch: „Onboarding“, sparen! Für alle betroffenen Seiten: Arbeitgeber, Arbeitnehmer, Kunden und Kollegen!

TIPP

Sales Onboarding bezeichnet den Zeitraum von der Unterschrift des Arbeitsvertrags bis zum Ende der Probezeit. Der sensibelste Zeitabschnitt in der Zusammenarbeit von Chef und Verkäufer.

Es reicht eben nicht, den neuen Mitarbeiter am ersten Tag mit den Worten zu begrüßen: „Ach! Sie sind der Neue? Haben wir denn schon den Ersten? Dann schauen wir mal, was wir mit Ihnen machen.“ … auch wenn das eher die Regel als die Ausnahme im Mittelstand ist.

Ich habe einen Fehler gemacht!

Zu den weniger schönen Momenten im Leben einer Führungskraft gehört das Aussprechen einer Kündigung. Einem Bewerber zu seinem neuen Job zu gratulieren, ist ein schöner Augenblick für beide Seiten. Doch ein Kündigungsgespräch ist genau das Gegenteil!

Am Montag habe ich nach nur 17 Arbeitstagen einen neuen Mitarbeiter gekündigt. Warum? Es passte nicht. Und ich habe es vorher nicht erkannt. ICH habe einen Fehler gemacht. Einen Fehler im Auswahlprozess.

Wie war das möglich? Der Auswahlprozess ist bei mir doch schon außergewöhnlich gewissenhaft: ein sehr detailliertes Anforderungsprofil, bei dem die meisten Interessierten schon sehen, dass es nicht auf sie passt. Dann die Vorauswahl der Bewerbungen mit einem extrem hohen Grad an Absagen. Nun folgen maximal halbstündige Telefoninterviews mit den Kandidaten, bei denen ich gezielt frage und noch besser hinhöre. Wer hier überzeugt, der wird zu einem genau definierten Probetraining mit meinem Team und mir eingeladen.

Im letzten Jahr waren 16 Kandidaten im Probetraining. Auf drei Termine verteilt. Dreimal ruhte das komplette Tagesgeschäft für Stunden. An die Prozesskosten will ich gar nicht denken. Und erst recht nicht an die Kosten für all die Stellenanzeigen.

Dieser Aufwand brachte zwei Kandidaten zum Arbeitsvertrag. Das ist der oben beschriebene schöne Moment für beide Seiten.

Doch leider stellt sich dann heraus, dass die geforderte Leistungsbereitschaft fehlt und die gewünschte Leistungs- und Lernfähigkeit nicht ausreicht, um als Trainer in meinem Team eine erfolgreiche Zukunft zu haben. Schade. Mein Fehler!

Jetzt tröste ich mich mit der Aussage von Jack Welch, dem erfolgreichsten Manager des letzten Jahrzehnts und Ex-GE-Chef, dass selbst Führungskräfte mit jahrzehntelanger Erfahrung eine Trefferquote von drei aus vier haben (WirtschaftsWoche 5/2007).

Hätte ich, auch nach zwei eindeutigen Kritikgesprächen und klaren Vorgaben, dem Mitarbeiter mehr Zeit geben sollen? Reichen 17 Tage, um eine „richtige" Entscheidung zu treffen? Natürlich entwickeln sich mit der Zeit einige Fähigkeiten besser. Doch der Hauptgrund hat nichts mit Fähigkeit, also dem „Können" zu tun, sondern mit der Bereitschaft, also dem „Wollen". Und auf das „Wollen" habe ich als Arbeitgeber wenig Einfluss.

TIPP

Die Amerikaner werfen uns Deutschen vor, dass wir „too fast to hire" und „too slow to fire" sind. Das ist etwas zum Nachdenken.

Lieber jetzt ein sauberer Schnitt, als irgendwann ein Gespräch mit enttäuschten Seminarteilnehmern zu führen. Getreu dem Motto: Was kostet es mich, wenn ich es nicht mache!?

Ja, es gibt sie: die Trainer in meinem Team, die den Auswahlprozess erfolgreich durchlaufen haben und seit Jahren täglich meine Erwartungen und die der Kunden weit übertreffen! Auch die zweite Neueinstellung entwickelt sich in diese Richtung.

Also: weiterhin maximale Qualitätsanforderungen an die Kandidaten, bei gleichzeitiger Optimierung des Prozesses. Und wieder habe ich etwas gelernt.

12:1 – oder wie Sie einen Verkäufer demotivieren

Haben Sie von der 12:1-Idee aus der Schweiz gehört? „Der höchste von einem Unternehmen bezahlte Lohn darf nicht höher sein als das Zwölffache des niedrigsten vom gleichen Unternehmen bezahlten Lohnes …"

Was meinen Sie, was passieren würde, wenn eine solche Regelung im Vertrieb umgesetzt würde? Vielleicht passiert nicht viel bei „Farmern", die sich stärker auf die Kundenpflege konzentrieren und meist eine sehr kleine Variable in ihrem Einkommen haben. Doch was würde das bei „Huntern" bewirken, die sich mehr um das Neugeschäft kümmern und in der Regel eine hohe erfolgsabhängige Komponente in ihrer Vergütung haben?

TIPP

Eine Führungsweisheit besagt: Als Führungskraft können Sie einen Verkäufer nicht motivieren. Sie können nur dafür sorgen, dass er nicht demotiviert wird.

„Hunter“ mit überdurchschnittlicher Leistung würden durch eine Einkommensdeckelung nur demotiviert und würden sich unverzüglich ein neues berufliches Tätigkeitsfeld suchen. Diese Spezies von Verkäufern will ihr Einkommen selbst bestimmen, will an den eigenen Leistungen gemessen werden und dabei nicht durch Neidregelungen gebremst werden.

Dazu fällt mir noch eine spannende Situation aus der Vergangenheit ein: Vor einem Verkaufstraining gibt mir der Chef noch ein Briefing zur Gruppe: „Herr Kreuter, in der Runde sind drei Teilnehmer, die als Außendienstler deutlich mehr verdienen, als ich mit meinem Geschäftsführergehalt. Und das ist auch gut so.“

Mein Kommentar zu diesem Unternehmen: Hunter-Vertrieb, sehr erfolgreich und eine Führungskraft, die weiß, wie der Vertrieb tickt.

Fazit:

1. Gut, dass die Schweizer die 12:1-Idee abgelehnt haben (übrigens hat die Gegenseite stark mit „Geistiger Brandstiftung“ gearbeitet).
2. Als Führungskraft im Vertrieb können Sie mit Zielen und Geld viel bewegen ... in Richtung Erfolg und Misserfolg.

Wollen Sie das wirklich? Ganz sicher?

„Die Aussicht auf Führungsaufgaben“ ist eine der beiden wichtigsten Leistungsanreize für Vertriebsmitarbeiter. Das hat zumindest die aktuelle Studie „DVS-Vertriebsmonitor 2013/2014“ ergeben. Und ich frage mich, ob die befragten Verkäufer wirklich wissen, was sie da wollen?

Wissen Sie, was ein „Spielertrainer“ ist?

„Als Spielertrainer bezeichnet man eine Person, die eine Sportmannschaft trainiert, aber gleichzeitig auch das Recht hat, sich selbst als Spieler einzusetzen […] Meistens ist ein Spielertrainer ein älterer, sehr erfahrener Spieler, der zum Ende seiner Laufbahn als aktiver Fußballer in die Beschäftigung als Trainer wechselt, aber noch einige Zeit selber weiter spielt. In der deutschen Fußball-Bundesliga gibt es diese Möglichkeit des Spielertrainers nicht mehr." (Quelle: Wikipedia)

Gerade im Mittelstand sind die meisten Vertriebsführungskräfte als „Spielertrainer" unterwegs. Sie verbringen unglaublich viel Zeit bei den Kunden; genießen es, permanent selbst Tore zu schießen, statt sich auf die Führungs- bzw. Trainerrolle zu konzentrieren. Begründet wird dieses Verhalten mit dem Alibi „Kundennähe". Quatsch!

Prof. Karl Pinczolits von der FH Wiener Neustadt hat in einer Studie beschrieben, warum es so viele Spielertrainer im Vertrieb gibt (in anderen Managementbereichen übrigens nicht!): Den Führungskräften fehlt die Anerkennung!

Ja, Sie haben richtig gelesen:

TIPP

Persönliche Anerkennung, die Sie als Verkäufer mit jedem erfolgreichen Abschluss genießen können. Die fehlt den Verkaufs- und Vertriebsleitern in ihrem Job. Und genau deshalb sind Führungskräfte im Vertrieb viel operativer tätig, als die in allen anderen Managementbereichen.

Fazit:

1. In der Bundesliga gibt es keine Spielertrainer! Spielertrainer finden Sie in der Kreisklasse! Wo spielt Ihr Unternehmen vertrieblich?
2. Ich habe schon einige Vertriebsführungskräfte kennengelernt, die viel lieber wieder als Verkäufer unterwegs wären: Anerkennung und selbstbestimmtes Arbeiten vermissen diese am meisten! Lieber wieder operativ beim Kunden unterwegs sein, als administrativ im Büro und Meeting zu sitzen oder sich zwischen Geschäftsleitung und Vertriebsmannschaft aufreiben zu lassen.
3. Den besten Verkäufer zum Verkaufsleiter machen? In vielen Fällen verliert das Unternehmen jetzt den besten Umsatzträger und „ge-

winnt“ eine durchschnittliche Führungskraft. Warum? Weil das Führen von Vertriebsmitarbeitern etwas völlig anderes ist, als Kunden zu motivieren, Kaufentscheidungen zu treffen! Management ist ein eigener Beruf, den es zu lernen gilt, um es mit den Worten von Prof. Fredmund Malik zu sagen.

Also: Wollen Sie das wirklich? Ganz sicher?

Finden statt suchen: Verkäufer-Recruiting mit T-Shirt und die Alternative dazu

Die Personalvermittlung Manpower hat in einer aktuellen Studie ein paar spannende Zahlen herausgearbeitet:

TIPP

- 52 Prozent der Befragten sind mit ihrem Job zufrieden.
- 30 Prozent würden ihren Job einem Freund empfehlen.
- 43 Prozent würden ihren Job gern sofort oder innerhalb eines Jahres wechseln.

Bei diesen Ergebnissen denke ich sofort an das Thema Recruiting im Vertrieb! Denn wenn Sie die Zahlen auf eine Verkaufsmannschaft übertragen, dann haben Sie als Führungskraft ein echtes Problem! Wenn so viele Mitarbeiter „auf dem Sprung“ sind, dann bedeutet das, dass diese schon jetzt nicht mehr mit 100 Prozent Leistung bei der Sache sind. Gleichzeitig wird es immer schwieriger, gute Verkäufer zu finden. Es macht auch keinen Unterschied, ob es um Mitarbeiter im Außen- oder Innendienst geht. Gute Verkäufer wachsen einfach nicht auf Bäumen!

In welche Richtung es gehen kann: Vor ein paar Tagen war ein Teilnehmer auf einer Veranstaltung für Verkäufer, der seinen konkreten Bedarf an Mitarbeitern im Vertrieb mit einem extra dafür bedruckten T-Shirt kundtat.

Ja, auch ich habe mich gefragt, ob das funktioniert. Ich hatte keine Gelegenheit, mit ihm zu sprechen, doch mehrere Teilnehmer berichteten mir, dass einige dem Herrn ihre Visitenkarten zugesteckt hatten. Offen und auch verdeckt. Da sind sie also, die 43 Prozent aus der Umfrage.

Fazit: Es wird immer schwieriger, TOP-Verkäufer zu finden!

Der bessere Weg: Wenn Sie meinen, dass die Variante mit dem T-Shirt nicht zu Ihnen und Ihrem Unternehmen passt, dann gibt es natürlich noch ein paar Dutzend bessere Wege für Sie!

Und ... ja! Es gibt sie, die TOP-Verkäufer! Sie müssen nur wissen, wie und wo Sie diese finden!

Ein trainierter Esel ist kein Rennpferd!

Meine beiden Trainer und ich machen aus Beratern Verkäufer. Wir machen aus Verkäufern TOP-Verkäufer! Doch wenn Sie uns einen Esel schicken, dann bekommen Sie einen trainierten Esel zurück, auch wenn Sie ein Rennpferd erwartet haben!

TIPP

Damit will ich sagen: Hat eine Führungskraft einen Fehler in der Personalauswahl gemacht, dann ist es schwierig, diesen Fehler mit Weiterbildungsmaßnahmen zu korrigieren.

Vor ein paar Tagen lautete die Aufgabenstellung in einem Workshop mit Vertriebs-Führungskräften: Wie können wir unsere Verkäufer zu noch besserer Leistung führen?

Dabei stellte sich heraus, dass das Anforderungsprofil irgendwann einmal von der Personalabteilung entworfen worden war. Die suchten Fachberater für den Einzelhandel. Farmer. Beziehungsmanager.

Doch im Workshop wurde immer klarer: Das Unternehmen braucht Hunter. Verkäufer im Einzelhandel, die hochpreisig verkaufen können. Meist Einmalgeschäfte. Kurzer Sales Cycle. Abschlussstark. Und wenn gerade kein Kunde im Geschäft ist, dann sollen potenzielle Kunden angerufen werden. Also auch noch stark am Telefon.

Das Anforderungsprofil und der wirkliche Bedarf lagen meilenweit auseinander!

Diese Lücke im Nachhinein mit Trainingsmaßnahmen zu schließen ist enorm aufwändig bis unmöglich – auch wenn wir damit unser Geld verdienen!

Fazit des Workshops:

Die richtigen Mitarbeiter (Hunter – kurzer Sales Cycle)
+ Schlagzahl (Kundentermine im Shop + Telefonanrufe)
+ Schlagkraft (Abschlussstärke)
= maximaler Vertriebserfolg!

Die Erkenntnis für Sie: Definieren Sie zuerst, welchen Verkäufer-Typ Sie wirklich brauchen! Finden Sie die richtigen Mitarbeiter! Erst dann macht das Training Sinn!

Das ist keine Klagemauer! Jeder muss sich danach besser fühlen als vorher!

Wussten Sie, dass Online-Jobbörsen am Montag um 11:00 Uhr die meisten Besucher haben?! Da kommt man aus einem schönen Wochenende wieder an seinen Arbeitsplatz und stellt fest: Das ist es nicht, was mich glücklich macht!

Bei Vertrieblern ist es häufig ein anderer Zeitpunkt: unmittelbar nach einem Vertriebsmeeting! Dann wissen viele Verkäufer: Das ist es nicht, was mich glücklich macht!

Warum? Weil die meisten Vertriebsmeetings als Klagemauer genutzt werden, weil alle ins Jammertal herabsteigen, weil irgendwelche Einzelschicksale in aller Tiefe besprochen werden, was die wenigsten interessiert. Oft auch, weil die Zahlen nicht stimmen und der Chef die Veranstaltung nutzt, um mal richtig auszuteilen.

Und wer ist dafür verantwortlich? Ich finde: die Führungskraft!

Liebe Führungskräfte im Vertrieb, Sie können Ihre Mitarbeiter nicht motivieren. Sie waren schon bei der Unterschrift des Arbeitsvertrags hoch motiviert. Sie können nur dafür sorgen, dass Ihre Mannschaft nicht demotiviert wird! Und genau deshalb ist das Vertriebsmeeting ein so wichtiges Führungsinstrument im Vertrieb: Hier beeinflussen Sie sehr stark die Stimmung Ihrer Verkäufer!

TIPP

Sorgen Sie dafür, dass sich jeder Verkäufer nach dem Meeting besser fühlt als vorher! Das ist Ihr Job!

Ein paar Gedanken dazu:

- Ist der Freitagnachmittag wirklich der richtige Zeitpunkt für ein Vertriebsmeeting? Ist das Ergebnis Frust, dann nimmt der Mitarbeiter diesen mit in sein Wochenende! Ist das Resultat Lust auf Akquise, dann muss er erst zwei Tage darauf warten, loszulegen.
- Ist der eigene Konferenzraum immer der beste Ort? Raus aus dem Tagesgeschäft! Konzentration! Es gibt andere, schönere Orte, bei denen die Teilnehmer nicht in jeder Pause intern noch etwas abzuklären haben.
- Beginnen Sie jedes Meeting mit positiven Themen. Zum Beispiel damit, dass jeder Teilnehmer ein bis drei Erfolgserlebnisse präsentiert. Erfahrungen, auf die er stolz ist: Neukunden, Rückgewinnung, Aktionen, Umsätze … Erfolge! Starten Sie immer so und machen Sie daraus ein Ritual!

- Lassen Sie einzelne Mitarbeiter präsentieren, wie diese besondere Erfolge mit bestimmten Produkten oder bei speziellen Kunden realisieren. Best Practice! Miteinander, voneinander lernen.
- Üben Sie Argumentationen, Vor- und Einwandbehandlung oder Verkaufstechniken. Wer nicht besser werden will, ist nicht lange gut!
- Beschäftigen Sie sich mit erfolgreichen Unternehmen oder Persönlichkeiten. Was kann Ihr Team aus den Beispielen lernen? Was machen die besser? Wo sind Sie besser?
- Gehen Sie keine Zahlen im Kollektiv durch. Das kann jeder Mitarbeiter für sich machen, wenn Sie ihm die Zahlen schicken. Sparen Sie sich Diskussionen über Einzelfälle. Zahlen werden unter vier Augen besprochen. Kritik übrigens auch!
- Streichen Sie den Punkt „Sonstiges" aus der Agenda! Was nicht auf der von Ihnen erstellten Agenda steht, wird nicht besprochen! Hat ein Verkäufer ein Thema zu klären, dann darf er diesen Punkt gerne ein paar Tage vorher anmelden. Doch Sie entscheiden, was auf die Agenda kommt. Informieren Sie Ihre Mitarbeiter über die Themen des Meetings per Vorab-Agenda und sagen Sie ihnen, welche individuelle Vorbereitung Sie von jedem Teilnehmer erwarten. Keine Überraschungen für beide Seiten!
- Machen Sie pünktlich Feierabend! 18:00 Uhr in der Agenda bedeutet auch 18:00 Uhr!

Ein Vertriebs-Meeting ist eine Energie-Tankstelle für alle im Team. Jeder muss sich danach besser fühlen als vorher!

TIPP

Der Verkäufer bekommt die (Kauf-)Bestätigung, beim richtigen Unternehmen und der richtigen Führungskraft zu sein; der Chef die (Kauf-)Bestätigung, die richtigen Mitarbeiter im Team zu haben.

Der Sportpsychologe Markus Schnitzler sagt: „Ich merke, ob ein Team ein Sieger- oder Verlierer-Team ist. Nämlich daran, worüber das Team in der Kabine spricht: über Erfolge oder über das, was nicht klappt!" Und worüber spricht Ihr Team?

Anmerkung: Ja, ich weiß, das Thema ist komplexer als hier dargestellt! Doch das sind Akquise-Impulse und kein Handbuch! Und ja, es funktioniert! Ich kenne Vertriebsleiter, die ihre Mannschaft mit dem Führungsinstrument „Vertriebsmeeting" immer wieder begeistern und so zu „extremen Umsätzen" führen! Und ja, auch Führung lässt sich lernen!

Make or buy? – Nachwuchs im Vertrieb

Bei einer Preisverleihung wurde Dietrich Mateschitz, der Gründer und Chef von Red Bull, gefragt, ob er mit Beratern zusammenarbeite. Dabei bestätigte er, dass er Personalberater intensiv nutze. Warum? Weil sein Markt zu schnell sei, als dass er genug Zeit hätte, seine Fachkräfte selbst auszubilden. Er will Mitarbeiter, die schon „fit" sind, auch wenn es mehr kostet.

Dietrich Mateschitz hat keine andere Wahl. Die meisten Unternehmen schon …

Seit vielen Jahren bieten wir mit einem Branchenverband ein Seminar an, das meine Trainerin Denise Spekowius mit großem Erfolg durchführt: „Verkaufen für Azubis – Vertriebswissen, das da anfängt, wo die Berufsschule aufhört – Wecken Sie das Verkaufstalent Ihrer Azubis". Dieser Verband hat erkannt, dass nur das Fachwissen allein für den Nachwuchs nicht ausreicht. Daher ist das Seminar jedes Jahr ausgebucht.

Welche Alternativen habe ich denn als Chef? Wenige! Also ist es sinnvoll, den eigenen Nachwuchs frühzeitig für den Verkauf zu begeistern. Oder auch einfach mal zu prüfen, ob Vertrieb für diesen Kandidaten überhaupt etwas ist, das er sich langfristig als Karriere vorstellen kann. Die meisten haben kein oder ein falsches Bild von Vertrieb! Das gilt es frühzeitig zu korrigieren.

Und jetzt noch eine interessante Anekdote: Da berichtet mir der Chef des Führungskräfte-Förderprogramms eines internationalen Unternehmens, dass er seinen Mitarbeitern am Ende des Trainingsprogramms auch ein Zertifikat einer renommierten Hochschule verschafft. Er möchte die Weiterbildung so auch „schwarz auf weiß" dokumentieren ... Damit die Teilnehmer dann etwas in der Hand haben.

Davon habe ich ihm dringend abgeraten: Diese Zertifikate fördern nur die Wechseloptionen! Die Ausbildung ist gut und wichtig. Doch das Zertifikat ist für das Unternehmen kontraproduktiv!

In diesem Moment erinnerte er sich: Er selbst verließ vor vielen Jahren das Unternehmen, das ihm sein MBA-Zertifikat möglich gemacht hatte, schon wenige Monate nach der bestandenen Prüfung. Heute gibt es keinerlei Zertifikate oder Teilnahmebescheinigungen mehr in seinem Verantwortungsbereich. Denken Sie darüber einmal nach ...

Wer für Geld kommt, der geht auch wieder für Geld - Die besten Verkäufer finden und halten

Eine Vertriebsmannschaft im Innen- oder Außendienst gekonnt auszuwählen und richtig zu führen ist die größte Herausforderung für Chefs in der heutigen Zeit. Kein Mitarbeiter ist näher am Kunden, keiner kann die Umsätze Ihres Unternehmens schneller und nachhaltiger beeinflussen als Ihre Verkäufer!

Gleichzeitig sinkt die Arbeitslosenquote in Deutschland stetig und die Zahl der unbesetzten Stellen wächst.

Dazu kommt noch, dass Verkäufer in unserem Kulturkreis kein besonders gutes Image haben und sich die High-Potentials lieber anderen Berufen zuwenden. Talente abzuwerben ist oft zu teuer, den eigenen

Nachwuchs zu fördern und zu entwickeln dauert meist zu lange – der Markt und der Wettbewerb warten nicht!

Nun die gute Nachricht: Es gibt sie, die Top-Verkäufer! Sie müssen nur an der richtigen Stelle, mit der passenden Strategie suchen, die besten Talente identifizieren, optimal einarbeiten und dauerhaft an Ihr Unternehmen binden.

Er muss bereit sein, acht Stunden am Tag fleißig zu arbeiten. Alles andere bringen wir ihm bei

2001 durfte ich Reinhold Würth bei einem Kongress auf Kreta im Interview erleben. Ein prägendes Erlebnis. Im Anschluss an das Interview konnten wir Teilnehmer Fragen stellen. Meine Frage war: „Welche Voraussetzungen muss ein Vertriebsmitarbeiter erfüllen, damit Sie ihn einstellen?“ Antwort: „Er muss bereit sein, acht Stunden am Tag fleißig zu arbeiten. Alles andere bringen wir ihm bei.“ Gut. „Und darüber hinaus? Welche weiteren Punkte sind noch wichtig?“, fasste ich nach. Nach einer kurzen Gedankenpause wiederholte Herr Würth: „Acht Stunden fleißig arbeiten.“ Ok.

Es hat Jahre gedauert, bis ich diese Antwort wirklich verstanden hatte. Erst als ich mich näher mit dem Thema „Führung“ im Vertrieb beschäftigt habe, erkannte ich, was in dieser Antwort steckt.

Reinhold Würth hat über Jahrzehnte Vertriebserfahrung gesammelt. Sein Unternehmen beschäftigt mehr als 33.000 Außendienstmitarbeiter und ist sehr erfolgreich. Herr Würth muss es wissen!

Was steckt nun in der Aussage?

1. Vertrieb und Verkauf lassen sich lernen.
2. Halten sich die Mitarbeiter an eine entsprechende Systematik im Vertrieb, dann werden sie erfolgreich sein.
3. Als Führungskraft liegt die Kernaufgabe darin, die passenden Mitarbeiter für den Vertrieb zu finden, einzuarbeiten, zu führen und zu halten.

Wenn Sie Personal- und/oder Führungsverantwortung für den Vertrieb haben, dann unterstütze ich Sie gerne bei der Aufgabe, die passenden Verkäufer zu finden und zu halten.

Mehr dazu auf YouTube

Wir könnten noch viel stärker wachsen, wenn wir die richtigen Verkäufer hätten!

Sind Sie Führungskraft und diese Aussage könnte auch von Ihnen stammen? Wie wird das nächste Geschäftsjahr für Sie und Ihren Vertrieb? Woran orientieren Sie sich, wenn Sie an die Umsätze denken?

Daran, was die Presse schreibt? An den Wirtschaftszahlen? An dem üblichen Branchengejammer? Oder machen Sie sich Ihre eigene Konjunktur? Sie wissen doch: „Schlechte Zeiten sind gute Zeiten für gute Verkäufer!“

Einer meiner Kunden, eine marktführende Autobank, hat im Krisenjahr 2009 75 neue Vertriebsmitarbeiter für den Außendienst gesucht. Die Auswirkungen können Sie heute im Wirtschaftsteil der Tageszeitung nachlesen: „Marke, Absatz und Marktfuhrerschaft ausgebaut!“

Während der Wettbewerb in meiner Heimatstadt sein Werk schließt, investiert mein Kunde Milliardenbeträge in den Ausbau seiner Werke!

Nicht nur mein Unternehmen hat 2012 sein bestes Geschäftsjahr erlebt, sondern auch viele meiner Kunden! Nur, Sie kennen das, in Deutschland erzählt man so was nicht so laut.

Und was ist bei meinen Kunden (in diesem Jahr sind es 105 – also durchaus repräsentativ!) die größte Herausforderung im Vertrieb im nächsten Jahr?

TIPP

„Wir könnten noch viel stärker wachsen, wenn wir die richtigen Verkäufer hätten!"

Das ist die Baustelle!

Können und wollen bei der Schweizer Armee

Ein Schweizer Offizier der Reserve hat mir mal erzählt, wie die Soldaten in einem Ernstfall optimal eingesetzt werden.

Die Schweizer Armee unterscheidet sehr vereinfacht gesagt zwischen Leistungsbereitschaft (faul, fleißig) und Leistungsmöglichkeit (schlau, dumm) der Soldaten. Dabei ergibt sich folgende Logik:

Die dummen + faulen Soldaten werden als „Kanonenfutter" an der vordersten Front eingesetzt.

Die dummen + fleißigen Soldaten übernehmen den Nachschub hinter den Linien.

Die schlauen + fleißigen Soldaten bekleiden fast immer den Rang eines Unteroffiziers.

Die schlauen + faulen Soldaten sind dagegen Offiziere. Warum? Weil sie wissen, dass ihre Energie, Zeit und Ressourcen begrenzt sind und sie diese optimal bzw. intelligent einsetzen müssen ;-)

Was bedeutet dieser Gedanke für den Vertrieb?

TIPP

Natürlich ist Fleiß eine Grundtugend im Vertrieb, doch noch wichtiger ist es, optimal bzw. intelligent zu agieren. Und hier gibt es für Führungskräfte nur zwei Wege: die bestehenden Mitarbeiter (weiter-)qualifizieren und/oder neue Mitarbeiter einstellen, die das schon „drauf" haben!

Und wo finden Sie diese Talente? Wie identifizieren Sie die besten Verkäufer? Wie werden diese eingearbeitet und wie halten Sie die Top-Leute langfristig?

„Jugend forscht" und Learning by Doing im Vertrieb - bitte nicht!

Ein Pilot der Lufthansa geht erst einmal ein paar Wochen nach Frankfurt in den Flugsimulator, wenn er einen neuen Flugzeugtyp fliegen soll.

Ein Soldat wird wochenlang an einer neuen Waffe ausgebildet, bevor er damit in den Einsatz zieht.

Ja, das kostet viel Geld und noch mehr Zeit! Doch nur so ist sichergestellt, dass die Anforderungen auch erfüllt werden.

Und wie ist das bei Verkäufern? Ich meine nicht mal die Einarbeitung, das Onboarding, bei neuen Mitarbeitern – dazu habe ich hier schon oft etwas geschrieben. Ich meine, wie werden Verkäufer auf ein neues Produkt oder eine neue Dienstleistung vorbereitet? Meist erhält der Verkäufer nur eine kurze Produktschulung, gefolgt von den besten Wünschen seines Chefs … Sofort sollen mit der Neuerung Umsätze geschrieben werden. Und dann wundern sich alle, wenn die Neuheit „vom Markt nicht angenommen" wird?

Damit ein Verkäufer eine Neuerung von Anfang an zum Erfolg führt, sind folgende Voraussetzungen zu erfüllen:

- Eine Liste mit den Merkmalen des Produkts und die sich daraus ergebenden Vorteile für den Kunden, damit sofort richtig argumentiert wird.
- Zeugen/Referenzen, die beweisen, dass die Merkmale und Vorteile auch wirklich stimmen. Hier sind verschiedene Gattungen von Zeugen wichtig: Presse, Studien, Referenzkunden, Referenzobjekte usw. Wenn Sie noch nicht genügend Zeugen haben, dann „ma-

chen" Sie sich welche: Presseartikel werden platziert, Referenzen holt man sich mit Pilotprojekten ... Überzeugen über Zeugen: Sie verkürzen damit das Verkaufsgespräch drastisch und geben dem Kunden maximale Sicherheit.

- Wenn die Neuigkeit Ihrem Kunden mehr Umsatz und/oder Gewinn bringt oder Kosten gespart werden können, dann ist eine vorbereitete Wirtschaftlichkeitsberechnung entscheidend. Behalten Sie dabei nicht nur die Beschaffungskosten, sondern auch die Prozesskosten im Auge! Wenn Sie als Verkäufer die Vorteile in Zahlen als Pencil Selling aufzeigen können, dann ist Ihnen der Erfolg sicher!
- Ein aktueller, vollständiger und übersichtlicher Wettbewerbsvergleich ist sinnvoll, wenn Ihre Kunden Ihr Produkt mit Alternativen vergleichen. Seien Sie vorbereitet!
- Welche Fragen sind zielführend, wenn es darum geht, die Bedürfnisse und den Bedarf Ihrer Kunden in Bezug auf das neue Produkt zu analysieren? Erstellen Sie einen Fragenkatalog und definieren Sie die taktisch kluge Reihenfolge der Fragen. Merke: erst Bedarf klären, dann auf den Punkt genau argumentieren!
- Welche Vor- und Einwände erwarten Sie von Ihren Kunden? Erstellen Sie eine Liste und schreiben Sie Ihre Lösung daneben. Jetzt gilt es, mit der passenden Gesprächstechnik (Flummi, höheres Ziel, Selbstbezichtigung, 180-Grad-Methode usw.) darauf die richtige Antwort zu formulieren. Denken Sie daran: Papier ist geduldig! Lernen Sie Ihre Antworten auswendig! Üben Sie die Formulierung so oft, bis es völlig natürlich wirkt.
- Welche Möglichkeiten für Zusatzverkäufe bieten sich bei der neuen Lösung an? Haben Sie einen Plan für Up- und Cross-Selling-Potenziale!
- Was „zeigen" Sie Ihrem Kunden? Muster, Clips, Broschüren, Fotos ... Das muss alles optimal vorbereitet sein. „Ein guter Verkäufer bestimmt die Bilder im Kopf seines Kunden!"

→ Und wenn wir schon bei den Bildern sind: „10 Punkte, auf die Sie bei … achten sollten"… Die Checkliste für die „Geistige Brandstiftung" macht von Anfang an Sinn. Denken Sie daran, dass manche Produkte nur über die Kaufmotive „Schmerz und Angst" funktionieren!

Picasso sagte: „Ein Mann, der sich auf seine Chance nicht vorbereitet, kann sich nur blamieren!" Das gilt natürlich auch für Frauen und Verkäufer, die unvorbereitet zum Kunden gehen! „One shot only"… wenn es beim ersten Mal dilettantisch beim Kunden ankommt, dann wird es sehr schwer, das neue Produkt doch noch zu platzieren!

Wer sollte die oben genannten „Hausaufgaben" denn nun vorbereiten? Nun … die Produktentwicklung, das Produktmanagement und das Marketing verstehe ich hierbei als „Dienstleister" für den Vertrieb. Doch letztendlich ist es ein Teamwork aller Beteiligten.

Da fällt mir ein: Als ich „in meinem früheren Leben" als Handelsvertreter unterwegs war, hatte ich auf der wichtigsten Messe immer die Unterstützung der beiden Produktmanager. Am ersten Messetag sammelten die alle Informationen zu den Produkten und Konditionen des Wettbewerbs. In der Nacht wurden diese Daten in einer Excel-Tabelle aufbereitet und uns beim Frühstück übergeben. Alle wichtigen Vor- und Nachteile waren farblich hervorgehoben, so dass sich die Liste von selbst erklärte. Damit war ich auf alle Vor- und Einwände meiner Kunden gefasst: Keiner konnte mir erzählen, dass der Wettbewerb im Produkt oder in den Konditionen „besser" war. Und wenn … ich war vorbereitet!

Ja, die obige Liste ist nicht ganz vollständig … Doch wer als Verkäufer so vorbereitet in eine Neueinführung startet, wird einfach deutlich erfolgreicher sein! Garantiert! Und nebenbei: Ihre Kunden werden sich auch freuen, wenn ein Verkäufer von Beginn an konkrete Aussagen zu seinem Angebot machen kann!

Eine Art Backstagepass für Vertriebsmaschinen – Führung im Vertrieb 2015

„Als Erfahrung wird bezeichnet: die Gesamtheit aller Erlebnisse, die eine Person jemals gehabt hat." (Wikipedia)

Was versteht man nun unter einem erfahrenen Verkäufer? Jemand, der zehn oder zwanzig Jahre die gleiche Tätigkeit ausübt? Gleicher Kundenstamm, gleiches Gebiet, gleicher Arbeitgeber und gleiches Produkt? Ich kenne Verkäufer, die jeden Mittwochnachmittag in ungeraden Wochen beim gleichen Kunden sind. Seit Jahren. Einmal abgesehen davon, dass hier keinerlei persönliche oder verkäuferische Weiterentwicklung zu erkennen ist, soll das ein „erfahrener Verkäufer" sein? Ich meine, nein! Er hat doch nur ein Jahr Erfahrung in diesem Job: Er erlebt dieses erste Jahr im Vertrieb seit zehn oder zwanzig Jahren immer wieder: 10 x 1 = 1.

Und ich? Seit 24 Jahren sehe ich jedes Jahr zwischen 15 und 35 Vertriebsorganisationen aus nächster Nähe. Manchmal nur einen Tag, manchmal über mehrere Jahre. Ich bekomme Einblicke aus der Sicht eines Kunden, aus dem Blickwinkel eines Verkäufers und sehe alles auch mit den Augen einer Führungskraft. Wie kaum ein anderer habe ich Einblick in die Strukturen, Abläufe und Prozesse: eine Art Backstagepass für Vertriebsmaschinen. Ich darf fast alles sehen und mich mit jedem über alle Verkaufsthemen unterhalten. Glauben Sie mir: Das ist spannend!

Eine Erfahrung, die ich immer wieder machen durfte: Die Führungskraft im Vertrieb ist meist der Schlüssel zum Erfolg des gesamten Unternehmens!

Häufig treffe ich hier jedoch auf Amateure statt auf Profis! Das soll keineswegs ein Vorwurf sein! Die meisten hatten in der dritten Klasse nicht den Berufswunsch „Vertriebsleiter"! Oft sind diese Menschen dort „hineingeraten". Die meisten haben es nicht gelernt! Wo auch? BWL-Studium, Schwerpunkt Vertrieb und Marketing? Verkäuferausbildung? Lange Jahre selbst im Vertrieb? Und das qualifiziert dann dazu, Vertriebsteams zum Erfolg zu führen?

Professor Fredmund Malik, einer der Managementvordenker unserer Zeit, ist sich sicher, dass „Management" ein Beruf ist. Ein Beruf, den man lernen kann wie jeden anderen Beruf auch! Nebenbei: Er meint, dass es nur zwei Organisationen gibt, die ihre Führungskräfte wirklich ausbilden: das Militär und die Kirche!

„Wenn die Wettbewerbsbedingungen ähnlich, die Ergebnisse aber doch sehr unterschiedlich sind, kann es eigentlich nur an einem Faktor liegen: an der Art, wie die Firmen geführt werden." (Malik)

In den letzten Jahren hat es mich oft geärgert, wenn gute Verkäufer ihr Potenzial nicht entfalten konnten, nur weil ein „Vorgesetzter" diese nicht „artgerecht hält".

PS.: „Die meisten Führungskräfte geben sich mit einem kleinen Teil dessen zufrieden, was gelernt werden kann, und sie arbeiten daher auch deutlich unterhalb des Leistungsniveaus, das erreichbar wäre." Fredmund Malik in „Führen – Leisten – Leben", Seite 47.

Diese Wettbewerber wünsche ich Ihnen!

… oder: Was man als Führungskraft im Vertrieb in nur 40 Minuten alles falsch machen kann!

Ein Akquise-Gespräch auf einer Messe ist praktisch – neutraler Boden und ich kann mehrere Gespräche hintereinander führen. Meine Ansprechpartnerin: die neue Personalleiterin. Sie kommt aus einer anderen Branche und ist erst seit ein paar Monaten im Unternehmen. Mit Vertrieb hatte sie bisher überhaupt nichts zu tun. Wir sprechen über Trainingsmaßnahmen für die Vertriebsmannschaft.

Sie hat schon gehört, dass ich als Trainer für die erfahrenen Vertriebsmitarbeiter der Richtige bin – für die, die den Job schon länger machen, die Erfolgreichen. Jetzt fragt sie sich, ob der Einsatz meiner Person bei den Neueinsteigern wirklich Sinn macht.

Mein Gedanke dazu: Wieso sollen Vertriebseinsteiger nicht sofort von einem der besten Trainer trainiert werden? Wieso sollen diese erst etwas Zweitklassiges bekommen, nur weil sie gerade neu sind? Welche Logik steckt dahinter?

Ich frage, wie die Verteilung der Kunden ist … „Da ist erst kürzlich eine Analyse erstellt worden!" Das Ergebnis: 90 Prozent ist Neukundenakquise. Ich merke an: „Dann brauchen Sie also Hunter, nur Hunter." Die Begrifflichkeiten „Hunter" und „Farmer" waren ihr neu. Ich habe dann kurz erklärt, um was es dabei geht. Sie meinte daraufhin, dass sie größtenteils Farmer bei sich im Team haben, aber daraus könnte man ja auch Hunter machen.

Und ich denke mir: Wenn ich das könnte! Wenn ich den Stein der Weisen finden könnte, wie man aus Farmern Hunter macht, dann würde ich mich in spätestens sechs Monaten zur Ruhe setzen. Das geht nicht! Vergiss es! Naja … Sie wollte sich von ihrer Meinung nicht abbringen lassen – die Hoffnung stirbt zuletzt!

Sie sagt: „Es ist einfach schwierig, Verkäufer zu finden." Sie schaue immer nach Seiteneinsteigern. Jemand, der auf dem Bau gearbeitet habe und diese körperliche Tätigkeit jetzt nicht mehr machen könne, weil er vielleicht was am Rücken habe. Oder eine Krankenschwester, die sich verändern wolle …

Mein Gedanke: Wir können erst dann trainieren, wenn wir das richtige Material haben. Wenn sie nur Menschen einstellt, die gerade einen Job suchen, ohne dabei zu schauen, ob diese verkäuferische Ambitionen haben sowie Leistungsbereitschaft und -fähigkeit mitbringen, dann können wir noch so lange trainieren ... das wird nichts! Die ersten Fehler werden sehr häufig im Recruiting gemacht und diese können später im Training nicht mehr ausgebügelt werden.

Das Team ist ihr wichtig: Auch wenn sie sagt, dass jeder Verkäufer eigentlich für seine eigenen Zahlen verantwortlich sei, so möchte sie nicht, dass wir irgendein Pilotprojekt machen, bei dem wir acht, zehn oder zwölf Verkäufer besonders fördern. Wenn, dann sollen alle Verkäufer die gleiche Weiterbildung erhalten.

Wieder so ein „Personaler-Mythos“: alle gleich behandeln zu müssen. Dabei ist das Thema Teamfähigkeit im Vertrieb – und ganz besonders bei Huntern – derartig sekundär!

Dann möchte sie, dass die Trainingsmaßnahme natürlich eine lohnende Investition ist und Fluktuation ausschließt. Merke: Wer im Vertrieb, insbesondere bei Huntern, die Fluktuation ausschließen will, der schließt gleichzeitig sein Wachstum aus. Fluktuation gehört einfach dazu! Hunter wollen Abwechslung, Hunter suchen Herausforderungen.

Es gäbe auch Mitarbeiter, die schon viele Jahre dabei seien und jetzt mit ihren Bestandskunden gutes Geld verdienten. Die gelte es zu motivieren, jetzt auch neue Kunden zu akquirieren.

Und ich denke mir: Logisch, dass sie die jetzt motivieren muss. Wenn sie einem Hunter mehrere Jahre seine Kunden lassen, wird er ja automatisch zum Farmer und sie werden das nicht mehr umkehren können. Einem Hunter müssen Sie alle zwölf, 18, 24 Monate seine Kunden wegnehmen. Sonst entwickelt er sich automatisch zum Farmer.

Dann noch die Frage: „Ja, wie erkennt man denn einen Hunter im Auswahlverfahren?“ Oh Gott, hier müssen wir wirklich bei Adam und Eva anfangen …

Ich überlege jetzt, ob ich ein Angebot für eine Trainingsmaßnahme unterbreiten werde. Macht das wirklich Sinn? Oder warte ich lieber, bis diese Dame auf ihrer Position gescheitert ist? Und sie wird scheitern! Oder gebe ich zumindest ihrem Geschäftsführer einen kleinen Tipp? Vielleicht hat er noch gar nicht gesehen, wen er da in der Personalabteilung hat.

Das Unternehmen ist die Nummer drei im Markt. Die Nummer zwei kenne ich ein bisschen, die Nummer eins kenne ich sehr gut. Ich weiß, warum die Nummer eins da ist, wo sie ist. Und ich weiß, dass die

Nummer drei in den nächsten Jahren die Nummer eins nicht stören wird, geschweige denn angreifen.

Beim Verlassen des Messestandes schaue ich mir noch das Standteam an. Der Geschäftsführer, die Führungskräfte und Verkäufer sind dabei. Sie wirken sehr selbstzufrieden, sind mit sich beschäftigt, spielen mit ihren Smartphones … Auf dem Weg zum Auto überlege ich mir, was ich tue. Und entscheide: Die Zeit, die ich sonst in eine Angebotskonzeption einer solchen Trainingsmaßnahme stecken würde, ist in einem Newsletter besser investiert. Ich werde ihr eine freundliche E-Mail schreiben und einen Rückzieher machen. Das macht für mich so keinen Sinn.

Selten habe ich in vierzig Minuten Gespräch so viele Baustellen bei einer Führungskraft entdeckt.

Kapitel 4:

Lernen

Man sagt, wer nicht versucht täglich besser zu werden, der ist nicht lange gut. In unserer heutigen, schnelllebigen Zeit müssen wir uns ständig weiterentwickeln, persönlich und auch in unseren beruflichen Fähigkeiten als Verkäufer oder als Führungskraft. Und Lernen kann Spaß machen! Apropos Spaß: Auf den nächsten Seiten erhalten Sie Einblicke in meine Vorstellung von spannendem Lernen.

Doof! Nicht aus meiner Branche. Da kann ich nichts lernen!

Wochenende. Enduro-Fahrerlehrgang. Neun Männer und ein Trainer. Eigentlich bin ich ja Crosser. Schnelle Kurven, hohe Sprünge, präparierter Rundkurs. Enduro: Das sind die mit der Lampe am Motorrad, die durch den Wald fahren, naturgegebene Hindernisse überwinden. Mal sehen, was ich von denen lernen kann. Ich kann ja nur besser werden.

Motocross und Enduro. Das ist wie Fußball und Handball. Oder Skiabfahrt und Skilanglauf. Die Werkzeuge sind ähnlich und doch anders. Im Sport ist es üblich, dass man auch mit anderen Disziplinen vergleicht. Was kann ich dort für mich, für meine Disziplin lernen?

Wie ist das nun im Business? Im Vertrieb und Verkauf?

Da gibt es die Teilnehmer, die sagen, dass sie bei einem Vortrag nichts gelernt hätten, weil der Redner ja nicht aus ihrer Branche komme: „So viele Beispiele aus dem Produktverkauf. Doch wir haben ja nur Dienstleistungen!"

Wie bitte? Nee nee! Das hieße ja dann auch: Ich kann nichts von den Endurofahrern lernen, weil die eine Lampe am Motorrad haben?!

Mit welchem Blickwinkel gehen Teilnehmer in eine solche Veranstaltung? „Finde alles, was bei uns nicht geht" oder „Finde alles, was uns noch erfolgreicher machen kann"? Ihr Fokus bestimmt Ihr Ergebnis!

Arnold Schwarzenegger hat als Bodybuilder für seine Bühnenperformance eine Ballettlehrerin engagiert. Das amerikanische Militär veranstaltet Manöver mit seinen Verbündeten. Die Frachtspezialisten der DHL reisten ein Jahr mit den Formel 1-Teams, um deren logistische Prozesse zu beobachten. Und die Teilnehmer sagen: „Da waren nicht genug Beispiele aus meiner Branche dabei?" Ah ja.

Mit welcher Einstellung, mit welchem Blickwinkel besuchen Sie Vorträge und Seminare? Mit welchem Fokus lesen Sie ein Fachbuch?

Wo bekommen Sie Ihre neuen Ideen her, um im Vertrieb noch erfolgreicher zu werden?

Wenn Sie nur in Ihrer Branche schauen, dann können Sie immer nur den Wettbewerb kopieren. Das wird Sie nie zur Nummer 1 in Ihrer Branche machen! Sie treten immer nur in die Fußstapfen der Konkurrenz!

TIPP

Suchen Sie sich andere Unternehmen, Branchen, Menschen, von denen Sie lernen können!

Der erfolgreiche Hotelier Klaus Kobjoll ist ein geniales Beispiel, was das Thema Recruiting und Führung angeht. Der Friseur Albert Bachmann ist eine Benchmark für optimale Positionierung im Blickwinkel des Kunden. Gustav Naujoks, Bereichsleiter eines metallverarbeitenden Betriebs in Bayern, hat seinen Kaufprozess so kreativ optimiert, dass mir der Mund offen steht!

Schauen Sie genau hin! Stellen Sie Ihre Antennen auf Empfang!

Mehr dazu auf YouTube

Neulich mit meinem Schatz auf der Couch ...

Wir beobachten die Fische im neuen Aquarium. Sagt sie: „Die beiden Männchen umwerben das Weibchen.“ Aha, ich sehe nur Fische wild umherschwimmen.

Ich gebe zu, ich weiß wohl, welchen Fisch ich im Sushi-Restaurant bestelle, doch mehr Ahnung habe ich nicht von diesen Tieren. Dafür kenne ich mich mit Verkäufern und Gesprächsführung hervorragend aus! Im Gegenzug darf Schatzi sich dann häufig meine Analyse einer Alltagssituation anhören: „Hast du seine Zeugenumlastung gehört? Schade nur, dass er den Zeugen dann verteidigt hat, als der Kunde ihn schon abgelehnt hatte. Und dann hat er noch zwei eindeutige Kaufsignale verpasst!"

Warum teile ich Ihnen das mit? Weil ich davon überzeugt bin, dass sich ein Verkäufer nur dann weiterentwickeln wird, wenn er sich mit Verkaufstechniken bewusst beschäftigt.

Ein guter Verkäufer ist nicht immer nur der, der viele Abschlüsse erzielt. Manchmal gibt es auch Umstände, die nicht direkt zu beeinflussen sind.

TIPP

Für mich ist entscheidend, ob mir der Verkäufer nach einem Kundenkontakt genau erklären kann, warum er den Auftrag abgeschlossen hat oder warum er ihn nicht erhalten hat. Was er hätte tun müssen, um erfolgreich zu sein.

Und das Schärfen der Sinne für eine gute Verkaufstechnik lässt sich auch in vielen Alltagssituationen üben: im Kino bei einem guten Film, bei einer Talkrunde im TV, bei der Predigt im Gottesdienst oder bei Verkäufern, die Ihnen etwas verkaufen wollen. Schauen Sie genau hin und lernen Sie, die Situation richtig zu analysieren.

Vor vielen Jahren war ein Fußball-Nationalspieler zu Gast im „Aktuellen Sportstudio". Weil der Mann viele Tore geschossen hatte, fragte der Moderator den Spieler, wie er das nur mache!? Daraufhin stand der Mann auf, holte mit seinem Bein aus und simulierte einen Torschuss. Mit den Worten „So mache ich das!" nahm er dann wieder Platz. Der Moderator und das Publikum im Studio waren einen Moment lang irritiert. Dann lachten viele und applaudierten.

Der Fußballer meinte das aber völlig ernst!

Meine Interpretation: Dieser Fußballer wird sich nicht mehr erheblich in seiner Leistung steigern, weil er nicht weiß, wie. Und als Trainer würde der Mann völlig versagen, weil er anderen Spielern nicht erklären könnte, wie es besser ginge. Fachbegriff: „Unbewusste Kompetenz" = Sie sind gut, wissen aber nicht, warum.

TIPP

Wer sich entwickeln will, der braucht „bewusste Kompetenz": Finden Sie heraus, warum Sie etwas wie machen.

Mehr dazu auf YouTube

„Es ist nicht zu wenig Zeit, die wir haben, sondern es ist zu viel Zeit, die wir nicht nutzen."

Ein Satz von Lucius Annaeus Seneca.

Ich verdiene mein Geld mit Wissen und Können. So, wie die meisten Verkäufer. Gleichzeitig wird von mir immer ein Neuigkeitswert und ein Wissensvorsprung auf meinem Fachgebiet erwartet. Klar! Wie schaffe ich es also, möglichst viel frisches Know-how zu identifizieren? Hier ist meine persönliche Lösung:

1. Viel lesen. Besonders aktuelle Magazine und Fachzeitschriften. Dazu habe ich über ein Dutzend Abos: Psychologie heute, Internet World Business, WirtschaftsWoche, Harvard Business Manager und viele mehr …
2. Buchzusammenfassungen von Get Abstract. Gern auch die Audio-Zusammenfassung: In zehn Minuten weiß ich, ob ein Buch für

mich Sinn macht! Genial! Eine Stunde Lauftraining = sechs Buchzusammenfassungen!

3. Hörbücher und die Tonspuren von DVDs. Meist auf längeren Autofahrten. Wenn es die Möglichkeit gibt, ein Buch zuerst zu hören statt zu lesen, dann ist die Hörvariante die zeitsparendste Variante für mich!
4. Erst, wenn ich ein Hörbuch spannend finde, kaufe ich die Papiervariante. Diese wird dann mit Textmarker und Notizblock durchgearbeitet.
5. Gibt es kein Hörbuch, dann bleibt nur, direkt das Buch zu lesen …

Und wenn ich mal keine Lust auf Fachwissen habe? Dann empfehle ich Ihnen gern meine drei Lieblings-Hörbuchautoren: Nicholas Sparks, Daniel Glattauer und Paulo Coelho.

Wussten Sie, dass nur acht Prozent aller gekauften Bücher in Deutschland bis zum Ende gelesen werden?

Schlamm, Sand und Lehm - Erfüllen Sie sich Ihre Träume!

Ich erinnere mich noch daran, dass ich zuerst Motorrad fahren konnte und dann erst Fahrrad. Ich hatte beim Fahrrad am Anfang das Problem, dass mich die Pedaltritte immer wieder aus dem Gleichgewicht gebracht haben. Und weil mein Vater seinerzeit ein begeisterter Motorradfahrer war, hatte ich „rein zufällig“ eine 50 ccm Kindermaschine in der Garage stehen. Später hatte ich eine Enduro für die Straße, die aber meist nur in der Ecke stand. Freizeitstress!

Für 2012 hatte ich mir vorgenommen, mir einen Traum zu erfüllen: Ich wollte schon immer mal mit einer Motocross-Maschine meterhoch durch die Luft fliegen. Motocross hat mich schon immer fasziniert!

Gesagt, getan! Seit Mai 2012 fahre ich regelmäßig durch Schlamm, Sand und Lehm. Meine fahrerischen Fähigkeiten bewegen sich etwas über Einsteigerniveau. Mit 44 Jahren erlebe ich, wie mir Zehnjährige um die Ohren fahren. Das ist eine spannende Erfahrung! Es macht unglaublich viel Spaß. Zudem stellt es eine große körperliche und koordinative Herausforderung dar und die Sprünge sind Adrenalin pur! Wow!

Nachdem ich zu Beginn autodidaktisch an meine Fahrtechnik rangegangen war, habe ich nach ein paar Trainingsstunden eingesehen, dass ich allein nicht weiter komme! Im Gegenteil: Ich würde mir eine falsche Fahrtechnik angewöhnen.

Also habe ich Trainerstunden gebucht und mich zu verschiedenen Fahrtechnik-Kursen angemeldet. Das Ergebnis: Ich komme mit meiner Entwicklung beim Motocrossfahren deutlich schneller voran und genieße es, mit anderen zu trainieren.

TIPP

Gerade in der Gruppe gehe ich viel eher an meine Grenzen und darüber hinaus. Der Vergleich mit den anderen Fahrern zeigt mir, dass nicht nur ich diese Fehler mache, das beruhigt.

Warum erzähle ich Ihnen das?

1. Erfüllen Sie sich Ihre Träume! Irgendwann ist es für einen Traum zu spät! Warten Sie nicht zu lange!
2. Finden Sie regelmäßig eine Aufgabe, bei der Sie Anfänger sind. Lernen Sie etwas völlig Neues. Dabei erfahren Sie viel über sich selbst und haben eine gute Gelegenheit, sich und Ihr Handeln zu reflektieren.
3. Suchen Sie sich Trainingspartner und Coaches. Und damit sind wir dann auch beim Thema Verkauf und Akquise.

Ich bin Praktiker, ich lese keine Bücher!

Immer wieder suche ich neue Trainer für mein Team. Dabei mache ich spannende Erfahrungen:

Eine Bewerberin antwortete im Telefoninterview auf meine Frage, welches Buch sie zuletzt zum Thema Verkauf/Vertrieb gelesen habe: „Ich lese keine Bücher. Ich bin Praktikerin."

Hmmm ... und das sagt sie mir! Mir, der selbst Bücher schreibt und alle relevanten Neuerscheinungen zu dem Thema in seinem Regal stehen hat! Mir, der jede Woche Stunden mit dem Lesen von Fachliteratur verbringt!

Ein anderer Bewerber erklärte mir aus tiefster Überzeugung, dass „man" „es" eben hat oder nicht. Er sei seit Jahren erfolgreich im Vertrieb. Er wisse, worauf es ankommt. Eine Ausbildung als Trainer brauche er nach eigener Einschätzung nicht wirklich. Er wisse, wie „man" verkauft.

Am Abend unseres Telefoninterviews endete gerade sein zweitägiges Verkaufsseminar, zu dem er von seinem aktuellen Arbeitgeber „geschickt" worden war. Auf meine Frage, welche Erkenntnisse er denn aus diesem Training mitnehmen konnte, erklärte er mir, dass es sich um ein Seminar handelte, das wohl eher etwas für Anfänger sei. Er habe dort nichts Spannendes für sich entdecken können.

Ich muss sicher nicht erwähnen, dass der Auswahlprozess für beide Kandidaten an dieser Stelle endete. Doch was steckt in diesen Aussagen, was uns als Verkäufer nachdenklich stimmen sollte?

„Der Mensch hat drei Wege, klug zu handeln. Erstens durch Nachdenken: das ist der edelste. Zweitens durch Nachahmen: das ist der leichteste. Drittens durch Erfahrung: das ist der bitterste." So wird Konfuzius zitiert.

TIPP

Darin steckt der Hinweis, dass Nachahmen, Kopieren, Modellieren die leichtesten und meist auch schnellsten Wege zum Erfolg sind. Unsere Kinder machen es uns vor: Sie kopieren unser Verhalten.

Das ist ganz natürlich. Dabei spielen Bücher eine besondere Rolle. Durch ein Fachbuch kann ich ganz detailliert von den Erfahrungen des Autors profitieren. Natürlich gibt es auch noch andere Möglichkeiten der Nachahmung, doch Bücher haben hier sicher eine besondere Stellung.

Wann haben Sie das letzte Fachbuch zum Thema Verkauf/Vertrieb gelesen? Und noch wichtiger: Was haben Sie davon in Ihrem Tagesgeschäft zumindest ausprobiert?

Zu dem zweiten Bewerber fallen mir drei Anmerkungen ein:

Erstens das Gleichnis mit dem Meister und seinem Schüler, der mit dem Lernen nicht vorankommt. Der Meister drückt seinem Schüler daraufhin ein volles Glas Wasser in die Hand und schüttet dann noch fast einen halben Liter Wasser in das ohnehin schon volle Glas. Alles läuft über und sammelt sich zu einer Pfütze auf dem Boden. Der Schüler weist den Meister darauf hin, dass das Wasser nicht hinein passe, weil das Glas ja schon voll war, worauf der Meister antwortet: „Stimmt. Und genau so, wie dieses Glas voll ist und kein Wasser mehr hinein passt, so bist auch du so voll mit Wissen, Vorurteilen, Glaubenssätzen und Gewohnheiten, dass du bei mir nichts lernen wirst, solange du nicht bereit bist, Altes auszuschütten, um Neues aufzunehmen!"

Was haben Sie in der letzten Zeit gelernt? Sind Sie offen für neue Ideen oder denken Sie oft: „Tolle Idee – machen wir aber nicht"?

Zweite Erkenntnis: Nicht erst seit den beiden Bestsellern aus dem letzten Jahr: „Überflieger" und „Talentlüge" ist klar, dass zielgerichtete

Kommunikation – und nichts anderes ist Verkaufen – nicht angeboren ist! Daher ist die Aussage, dass „man“ „es“ als Verkäufer eben hat oder nicht hat, völliger Unsinn! Wenn es nicht so wäre, wären ja alle Seminare, Coachings, Traineeprogramme und Verkaufstrainer überflüssig!

Dritte Erkenntnis: Der amerikanische Management-Guru Tom Peters wünscht sich als Inschrift auf seinem Grabstein den Spruch: „Er war neugierig bis zum Schluss.“ Das gefällt mir. Bleiben auch Sie wissbegierig bis zum Schluss! Lernen Sie Ihr Leben lang!

TIPP

Weise Menschen haben das Gefühl, ihr Wissen sei ein Tropfen im Ozean. Ungebildete Menschen meinen, sie wüssten schon alles!

Oder wie Steve Jobs meint: Stay hungry. Stay foolish.

Mehr dazu auf YouTube

Weiterbildung mit einer Trefferquote von 21 Prozent? – Bitte nicht!

Kann ein Lauf über glühende Kohlen ein Team zusammenschweißen? Können Weiterbildungen Arbeitnehmer auf Erfolgskurs bringen? Kann man in einem Abend-Workshop Lebenskrisen meistern und sich persönlich komplett umkrempeln? Kaum. Das ist das ernüchternde Ergebnis einer Studie des Instituts für angewandtes Wissen e.V. (iaw-köln). Darin gaben zwei Drittel der Befragten an, durch die Teilnahme an Weiterbildungsseminaren „keine positiven und nachhaltigen Veränderungen“ festgestellt zu haben. Zwar nehmen Arbeitnehmer gerne an Weiterbildungen teil, jedoch glaubten nur 21 Prozent der Befragten, dass eine Fortbildung etwas verbessert.

Vor ein paar Wochen habe ich diese Studie im Internet entdeckt. Beim Lesen kam ich aus dem Kopfschütteln kaum noch heraus …

Dazu fällt mir ein Spruch ein: „Man geht nicht raus und HAT ein tolles Leben, sondern man geht raus und MACHT sich ein tolles Leben!"

Mit welcher inneren Haltung gehen wir an das Thema Weiterbildung heran? Das ist doch nichts, was einem passiert! Das ist doch ein Prozess, der in uns selbst stattfindet. Wir werden doch nicht weitergebildet, sondern wir bilden uns weiter! Aktiv statt passiv. Agieren statt reagieren. Holschuld statt Bringschuld.

Die Aussagen der Befragten lassen sich wunderbar mit den Neuanmeldungen im Fitness-Studio um diese Jahreszeit vergleichen: „Jetzt bin ich schon seit über einem Monat im Fitness-Studio angemeldet und spüre immer noch keine Fortschritte!" Mhm … wie wäre es mal mit trainieren, schwitzen, quälen, sich selbst überwinden … Nur mit der Anmeldung ist es nun mal nicht getan!

Der Vergleich passt!

Ja, ein Feuerlauf bei einem Seminar am Wochenende kann der Auslöser zu einer großen Veränderung im eigenen Leben sein. Gleiches gilt für Vortragsveranstaltungen, Tagesseminare, Coachings, Bücher, Filme usw.

TIPP

Ein Auslöser! Ein Startschuss! Ein erster Schritt … Danach muss jeder seinen Weg selbst gehen.

An alle Führungskräfte unter den Lesern: Sollten Sie Mitarbeiter mit der eingangs beschriebenen Einstellung haben, dann werfen Sie bitte Ihr Geld nicht für Weiterbildung aus dem Fenster. Das sind nur Kosten statt Investitionen. Und keiner der Beteiligten hat Freude daran. Auch die Referenten, Redner, Trainer, Lehrer und Coaches nicht. Entweder schaffen Sie eine Einstellungsänderung bei Ihren Mitarbeitern zu diesem Thema oder Sie hinterfragen am besten, ob das die Mitarbeiter sind, mit denen Sie zukünftig Erfolge feiern können!

Zwei Anmerkungen noch dazu:

1. Seminare sind nur ein Werkzeug zur Weiterbildung! Bücher, DVDs, Hörbücher, Coachings, Paten- und Mentorenprogramme sind auch gute Werkzeuge! Es kommt auf Ihr Lernziel an.
2. Ja, es gibt große qualitative Unterschiede zwischen den Referenten. Und nur, weil Sie einmal auf einen schlechten Referenten getroffen sind, müssen nicht alle anderen auch schlecht sein! Vergleichen Sie.

Spickzettel für Verkäufer – oder: Den Erfolg vom Zufall befreien

Kennen Sie Jordan Belfort? Er ist die Hauptfigur in dem Hollywood-Erfolg „The Wolf of Wall Street". Wissen Sie, womit dieser Mann heute sein Geld verdient? Er hält Vorträge über seine Business-Erfahrungen und ... er schreibt Verkaufsleitfäden: Unternehmen zahlen 50.000 Dollar am Tag dafür, dass Jordan ihnen die passende Argumentation liefert!

Und ich diskutiere immer wieder mit Verkäufern und Führungskräften die Sinnhaftigkeit von Gesprächsleitfäden!?

Lassen Sie mich ein paar Gedanken dazu formulieren:

1. Verkaufen ist Handwerk und hat wenig bis nichts mit Talent zu tun. Also ist es auch für die meisten Menschen zu lernen. Wenn sie wollen!
2. „Das Wichtigste beim Aktivverkaufen ist, dass man lernt, so vom Skript abzulesen, dass es nicht klingt, als würde man von Skript absen. [...] Tu einfach so, als wärest du ein Schauspieler auf der ne: Du erhebst die Stimme und senkst die Stimme; du sprichst

schneller und wieder langsamer. Du hältst das Interesse deiner Kunden wach und sorgst dafür, dass sie dir genau zuhören. Und denk bloß nicht daran, zum Telefonhörer zu greifen, bevor du nicht Antworten auf alle erdenklichen Einwände parat hast." (Jordan Belfort)
Ja, ich kenne sie auch, die Call Center Agents (nein, es sind keine Verkäufer!), die mir irgendwas verkaufen wollen, indem sie einen Text vorlesen. Dass vorgelesen wird, merkt jeder sofort. Und wir als potenzielle Käufer erwarten mehr! Wir wollen überzeugt werden. Wir wollen echtes Interesse an uns und unseren Bedürfnissen spüren. Wir möchten glauben können, dass unser Gegenüber von dem überzeugt ist, was es da anbietet! Sonst kaufen wir nicht und fühlen uns eher belästigt. Also: Vorlesen geht für Verkäufer gar nicht! Schlecht auswendig gelernt geht auch nicht!

3. Für eine Prüfung lernen wir. Meist schriftlich: „Denken auf Papier". Vielleicht machen wir uns auch einen Spickzettel. Meist brauchen wir ihn dann doch nicht. Entweder ist das Wissen jetzt ohnehin verinnerlicht oder wir scheuen das Risiko, ertappt zu werden. Doch: Wir bereiten uns vor!
   Bei wichtigen Telefongesprächen mache ich mir vorab schon einen Plan. Schriftlich. Es wäre für mich fatal, wenn ich Themen, Fragen oder Argumente „vergessen" würde, die ich auf jeden Fall ansprechen wollte.
4. Erfolg im Verkauf hat wenig mit Zufall zu tun! Es gibt bekanntlich Sprachmuster, Fragen, Argumentationsketten, Beispiele, Geschichten, rhetorische Bilder und Formulierungen, die verkäuferisch zielführender sind als andere! Es gibt diese „Magic Words", die beim Gegenüber eine Kaufentscheidung auslösen. Und wenn das nun so ist, dann muss nicht jeder Verkäufer in jedem Kundengespräch das verkäuferische Rad neu erfinden. Er kann sich an das halten, was in der Vergangenheit schon häufig funktioniert hat! Schaffen Sie einen argumentativen Standard und halten Sie sich daran. Sie müssen nur

einmal kreativ werden, wenn Sie Ihren Leitfaden erstellen. Danach gilt es, den eingeschlagenen Weg perfekt umzusetzen.

5. Ein Gedanke für Führungskräfte: Es ist Ihr Job, Standards und Systeme zu schaffen! Auch in der Argumentation und Gesprächsführung Ihrer Verkäufer!
   Machen Sie sich unabhängig vom Talentvertrieb, bei dem ein paar Leute den Umsatz bringen, und kommen Sie zum Systemvertrieb, bei dem eine Mannschaft die Geschäfte macht. Würth nennt dies: „Das Spiel mit Bauern gewinnen!" Bei einem Systemvertrieb haben Sie vielleicht nicht die besten elf Spieler, doch dafür die beste Elf!
   Also ... schaffen Sie Standards!
6. Führungskräfte, die Zweite: Aktuell und zukünftig besteht die größte Herausforderung im Finden neuer Verkäufer. Verkäufer, die es drauf haben!

Mit entsprechenden Standards können Sie bei der Auswahl Abstriche machen, haben eine kürzere Einarbeitungsphase und müssen weniger eng führen.

Auf den Punkt: Eine Führungskraft im Vertrieb, die keine Standards schafft, ist auf der falschen Position!

Und jetzt konkret: Was können Sie tun? Was empfehle ich Ihnen?

- Bei mir im Team gibt es keine vorgegebenen Leitfäden: Jeder Verkäufer schreibt sich seine eigenen Skripts in seiner „Sprache", seiner Art, nach meiner Philosophie, meinen Standards. So erspare ich mir die Akzeptanzprobleme im Team.
- Skripte sind nie Fließtexte, sondern immer Stichworte: Ein Fließtext verführt immer zum Ablesen! Stichworte können viel spontaner und flexibler gehandhabt werden. Das kommt beim Kunden viel, viel besser an.
- Wichtig sind die einzelnen Gesprächsphasen: Einstieg, Bedarfser-ittlung, Argumentation, Vor- und Einwandbehandlung, Ab-ss. Klare Standards, wenig Kreativität.

Kapitel 4: Lernen

- „Practice makes perfect!" Üben, üben, üben!
- Meine Trainer und ich hören immer mal wieder zu. An den Bürotagen sitzen wir meist bei den Telefonverkäufern am Tisch. So können wir immer wieder Feedback geben und Erfolge gemeinsam feiern.

Die mathematische Spieltheorie für Ärzte und das Gesetz der Wirkung

„Wer als Verkäufer im persönlichen Gespräch stark ist und darin überzeugt, der ist noch längst nicht stark in der telefonischen Kommunikation! Wer aber am Telefon überzeugt, der ist meist auch im persönlichen Gespräch stark!"

Na klar, das ist eine Behauptung, eine These. Doch da ist was dran, weil:

1967 hat ein israelisches Forscherteam die Wirkung von Kommunikation untersucht und ist dabei auf folgende Ergebnisse gestoßen: In der persönlichen Kommunikation liegt die Verteilung dessen, was beim Gegenüber ankommt (also zum Beispiel Außendienstmitarbeiter berät Kunden bei einem Besuch) zu 55 Prozent im Auftreten: Kleidung, Haltung, Blickkontakt, Körpersprache, Mimik, Gestik, Aussehen. Zu 38 Prozent wirkt die Art, wie etwas gesagt wird: Stimme, Modulation, Lautstärke, Tempo. Nur zu sieben Prozent sind die Worte ausschlaggebend. (Mehrabian, Albert & Susan R. Ferris, „Inference of attitudes from nonverbal communication in two channels", Journal of Consulting Psychology, S. 252)Am Telefon entfallen die 55 Prozent. Hier ist die Verteilung:

TIPP

Zu zwölf Prozent wirkt das, „was" gesagt wird, und zu 88 Prozent, „wie" es gesagt wird.

Das ist mit ein Grund, warum viele Verkäufer das telefonische Verkaufs- oder Akquise-Gespräch gern vermeiden und lieber Kaltbesuche machen.

Doch noch viel beeindruckender ist die Geschichte von Dr. Fox, der 1970 einen Vortrag zum Thema „Mathematische Spieltheorie für Ärzte“ an der University of Southern California School of Medicine hielt. Das Publikum aus Medizinstudenten war durchweg von seinem Vortrag begeistert. Viele hatten nichts anderes erwartet, weil sie schon vorab einiges von Dr. Fox gelesen hatten, der als Autorität in diesem Themenbereich angekündigt worden war.

Beeindruckend an diesem Beispiel ist, dass Dr. Fox kein Experte für das ist, was er sagt, sondern Ansehen genießt für die Art und Weise, wie er etwas sagt! Drei Psychologen hatten einen Schauspieler engagiert, um einen Vortrag zu halten, bei dem kein Satz auf den nächsten aufbauen durfte. Kein Satz durfte einen Sinn ergeben – sowohl im Vortrag als auch in der anschließenden Fragerunde. Das war eine echte Herausforderung für den Schauspieler „Dr. Fox“.

Die Psychologen traten damit den Beweis an, dass auch ein Fachpublikum durch einen völlig inhaltsfreien Vortrag begeistert werden kann.

Unglaublich? Dann machen Sie sich selbst ein Bild von dem Experiment. Sie finden den Mitschnitt von 1970 in meinem YouTube-Kanal.

Fazit: Es reicht also nicht aus, nur überlegte Formulierungen parat zu haben.

TIPP

Die eigene Einstellung ist noch viel wichtiger, da sie nicht nur unseren Ton im Gespräch prägt, sondern auch unsere Körpersprache.

wunders experiment Dr Fox
Schauspieler redet nur wirres Zeug
alle Teilnehmer begeistert

Mehr dazu auf YouTube

Der Hometrainer für neue Kunden

Vor ein paar Wochen veranstalteten Professor Dr. Knoblauch und ich zusammen eine Roadshow quer durch Deutschland: fünf Tage, fünf Städte und fünf Mal die gleichen Inhalte. Es ging täglich von 09:00 Uhr bis 17:00 Uhr im direkten Wechsel um das Thema „Die besten Verkäufer finden und halten“.

Und nun kommt meine spannende Erkenntnis: An welchem der Seminartage habe ich am meisten mitgeschrieben? Wann hatte ich die meisten „AHAs“?

Am fünften und letzten Seminartag!

Am fünften Seminartag? Da fragen Sie sich jetzt vielleicht, ob ich möglicherweise etwas begriffsstutzig bin?

Für mich ist es sehr spannend, Bücher mehrmals zu lesen, Hörbücher mehrmals zu hören, DVDs öfter zu sehen und manchmal auch ein Seminar zu wiederholen.

Warum? Klar, durch Wiederholung verfestigen sich Inhalte und Informationen. !

TIPP

Doch noch wichtiger: Alle paar Wochen verändert sich meine (selektive) Wahrnehmung. Ich entdecke plötzlich Dinge, die vorher auch schon vorhanden waren, doch von mir nicht wirklich wahrgenommen wurden.

Mehr machen!

Aus diesem Grund habe ich schon vor Jahren begonnen, Seminare als DVD-Pakete zu kaufen. In meinem Regal stehen z.B. die DVD-Werke von Bodo Schäfer, Dr. Oliver Pott, Alex S. Rusch und viele mehr. Auf langen Reisen nutze ich so die Zeit sehr gezielt für meine eigene Weiterbildung.

Nachwort

„Die selektive Wahrnehmung ist ein psychologisches Phänomen, bei dem nur bestimmte Aspekte der Umwelt wahrgenommen und andere ausgeblendet werden. Selektive Wahrnehmung beruht auf der Fähigkeit, Muster zu erkennen, einem grundlegenden Mechanismus des menschlichen Gehirns. Das Gehirn ist ständig auf der Suche nach Mustern, um neue Informationen in bereits vorhandene besser einordnen zu können. Dabei ist die selektive Wahrnehmung die – meist unbewusste – Suche nach einem bestimmten Muster. Dies ist erforderlich, um die Fülle an Informationen überhaupt bewältigen zu können."
… sagt Wikipedia.

Nachdem Sie das Buch bis hier gelesen haben, kennen Sie meine bevorzugten Wahrnehmungsmuster: Verkauf, Marketing, Führung und Motivation. Vielleicht konnte ich Ihren Wahrnehmungsfilter nun auch ein Stück in diese Richtung verschieben. Der Alltag ist voller guter Ideen für Verkäufer und deren Chefs! Nutzen Sie die Anregungen und machen Sie etwas daraus … Ich würde es bedauern, wenn Sie am Ende des Buches sagen würden: „Tolle Ideen – machen wir aber nicht!"

In diesem Sinne wünsche ich Ihnen allzeit „fette Beute" und freue mich, wenn wir uns auf einer meiner Veranstaltungen auch persönlich kennenlernen.

Ihr
Dirk Kreuter

… und jetzt? Ihr Kontakt zu Dirk Kreuter

Wenn Ihnen das Buch gefallen hat und Sie mehr über Dirk Kreuter erfahren möchten, wenn Sie gerne Tipps rund um die Themen Akquise, Vertrieb, Verkauf und Marketing erhalten möchten, dann nutzen Sie folgende Möglichkeiten:

- „Akquiseimpulse" – der wöchentliche Newsletter persönlich verfasst. Melden Sie sich jetzt kostenlos an!

  dirkkreuter.de/news.html

- Viele spannende Vortragsmitschnitte sowie erfolgbringende Tipps und Tricks finden Sie im YouTube-Kanal. Abonnieren Sie ihn jetzt!

  YouTube.com/dirkkreuter

- Bleiben Sie mit dem Autor in Kontakt und liken Sie seine Facebook-Fanpage. So erhalten Sie immer topaktuelle Insider- und Backstage-Informationen zu Seminaren und Vorträgen.

  facebook.com/KreuterDirk

- Sie möchten nichts mehr verpassen? Folgen Sie Dirk Kreuter bei twitter und bleiben so immer auf dem aktuellsten Stand!

  twitter.com/dirkkreuter

- Bleiben Sie via XING im direkten Kontakt. Hier erhalten Sie alle wichtigen Termine und Informationen zu seinen Vortrags- und Seminarveranstaltungen.

  xing.com/profile/Dirk_Kreuter

- Dirk Kreuter ist ein großer Fan von DVD-Livemitschnitten. Live-Mitschnitte seiner aktuellen Vortragsthemen finden Sie beim Bestseller Verlag als 60- bis 90-Minuten-DVDs. Das meistgenutzte Produkt aus dem Medienshop ist die „Neukunden mit Garantie DVD-Box" – 12 DVDs mit insgesamt über 14 Stunden Know-how.
  Die aktuellen Seminartermine und neuesten Hörbücher und DVDs finden Sie beim Bestseller Verlag:

  bestseller-verlag.com

- Das Spezialangebot für die Leser von AKQUISE-IMPULSE – Die Vertriebsoffensive findet vier Mal im Jahr statt. Erleben Sie Dirk Kreuter einen ganzen Tag live!

Ihr Spezialangebot: Sie erhalten als Vollzahler ein weiteres Ticket gratis, damit auch ein Kollege, Freund oder Kunde von diesem außergewöhnlichen Tag profitieren kann.

Action steps!

- News umsetzen!

- Motivations & Inspiration? Was mache ich um mich zu motivieren? regelmäßig einplanen! 4x im Jahr
- Was sind meine Schlüsselschlagzahlen?
  → Besser werden & erhöhen
- BOSCH erlebnis, Begeisterung zeigen!
- Meine Ziele klar aufschreiben!
- Immer Optipay Story erzählen
- Immer meine Story erzählen!

- Marcus besprechen Website
- Mehr adjektive nutzen
- Meine eigene Charta schreiben
  - Sales values
  - perfektes Verhalten
  - dieses Buch einbringen
- Infos senden zu mir als Person vor Termin und zu Unternehmen
- Termin nochmal bestätigen
- Sammy Molchof TOM peters
  - 33 Vorteile für PayRaise

- produktiv
- erfolgreich
- positiv
- kreativ
- spannend
- interessant
- überraschend
- sinnvoll
- stimmig
- geschmeidig
- stark
- konstruktiv
- kurzweilig
- kooperativ
- offen
- neugierig
- witzig
- spaßig
- fantastisch
- großartig
- wunderbar

- langwierig
- langweilig
- sinnlos
- destruktiv
- nervtötend
- einschläfernd
- ewig
- grauenvoll
- beschissen
- einfallslos

- ausführend

- Psychologie heute abwarten
  Harvard